Claudia Lorenz-Ladener

Naturkeller

Neubau und Umbau von Räumen zur Frischlagerung von Obst und Gemüse

mit Beiträgen von Carl-Heinz Buck,
Karin Buche und Matthias Hosse,
Andreas Holdstein, Otto-Christian Giercke,
August und Veronika Jäger,
Ute und Stephan Langbein, Bernhard Nixdorf,
Umweltzentrum Hollen

ökobuch

Bibliografische Information der Deutschen Nationalbibliothek

Die Deutsche Nationalbibliothek verzeichnet diese Publikation in der Deutschen Nationalbibliografie; detaillierte bibliografische Angaben sind im Internet unter http://dnb.d-nb.de abrufbar.

Unsere Bücher werden nach höchsten Ansprüchen an Nachhaltigkeit und Ökologie produziert und wir optimieren ständig weiter:

- Papiere und Pappen sind FSC® oder PEFC™ zertifiziert
- Druckfarben auf Pflanzenölbasis
- Druckplattenbelichtung komplett chemiefrei
- Klebstoffe lösungsmittelfrei
- 100% Öko-Strom bei Druck und Bindung
- Müllvermeidung und Recycling bei der Produktion
- kurze Wege, gedruckt in Deutschland

ISBN 978-3-936896-55-8

19. Auflage 2024

Königstr. 43, 26180 Rastede
E-Mail: verlag@oekobuch.de
http://www.oekobuch.de

Druck: Grafisches Centrum Cuno, Calbe

FSC® www.fsc.org MIX Papier aus verantwortungsvollen Quellen FSC® C043106

Umschlagfotos:
Umweltzentrum Hollen, Ganderkesee *(oben links)*
Firma Neuschwander, Brackenheim *(oben rechts)*
Carl-Heinz Buck, Hesedorf *(unten)*

Inhaltsverzeichnis

Kühle Keller

Früher wurden Wohnhäuser selten ohne Keller gebaut, es sei denn, ein hoher Grundwasserstand oder felsiger Untergrund hätten den Bau erschwert. Aus zwei Gründen wurde das Kellergeschoss als wichtig erachtet: Zum Einen bildete es eine wärme- und feuchtigkeitsausgleichende Pufferzone zwischen Erdreich und den darüberliegenden Wohnräumen, zum Anderen diente der Keller zum Aufbewahren von Lebensmitteln und sonstigen Vorräten. Er lag völlig bzw. zum größten Teil im Erdreich, war in der warmen Jahreszeit kühl und im Winter frostfrei. Das Wort Keller stammt übrigens aus dem lateinischen *celarium*, was dort nicht mehr bedeutet als Vorratsraum oder Speisekammer.

Auch heute werden die meisten Neubauten in Deutschland mit Kellern ausgestattet. Durch die geänderten Wohn- und Lebensformen sind die Nutzungsanforderungen an das Kellergeschoss jedoch erheblich gestiegen. Hohe Grundstücks- und Baupreise verlangen zudem raum- und flächensparende Hauskonzepte, weshalb Nutzungen, die früher dem Wohngeschoss zugeordnet waren, heute in den Keller verlegt werden. Kellergeschosse werden in der Regel so gebaut, dass sie nicht nur möglichst trocken, sondern auch mit einer ordentlichen Wärmedämmschicht ausgestattet und energiesparend zu heizen sind.

Und damit wird der Keller leider unbrauchbar für eine seiner „klassischen" Funktionen, nämlich für die Frischlagerung von Gartenprodukten. Denn Obst, Gemüse und Kartoffeln brauchen niedrige Umgebungstemperaturen und eine hohe relative Luftfeuchte, sollen sie in natürlichem Zustand über längere Zeit frisch gehalten werden. Kühlschrank und Gefriertruhe können den „altmodischen" Vorratskeller allerdings nicht ersetzen.

Es gibt einige gute Gründe, warum kühle Kellerräume heute zunehmend wieder gefragt sind. Immer mehr Menschen haben den Wunsch, möglichst giftfreies Gemüse und Obst zu essen, und wer einen Garten bewirtschaftet, weiß, unter welchen Bedingungen seine Pflanzen gewachsen sind. Aber auch Familien ohne Garten achten vermehrt auf die Qualität der Lebensmittel und die Art und Weise, wie sie produziert werden. Viele haben deshalb angefangen, direkt beim Bauern in größeren Mengen einzukaufen: auch dann ist ein guter Lagerplatz zuhause notwendig. Ein weiterer Grund für die neue Beliebtheit kühler Vorratsräume liegt darin, dass die Frischlagerung von Obst und Gemüse nicht nur wenig Arbeitsaufwand erfordert, sondern Vitamine und Nährstoffe dabei auch im besonderen Maße erhalten werden. Und – last not least – ist die Frischlagerung im naturgekühlten Keller sicherlich die energiesparendste Methode der Vorratshaltung. Der „altmodische" Vorratskeller von gestern ist die Zukunftstechnologie von heute, liefert er doch durch die klimafreundliche Lagerung von Ost und Gemüse einen Beitrag zur Reduktion des Kohlendioxidausstoßes.

Es gibt nun eine Reihe von Möglichkeiten, wie solche Vorratsräume beschaffen sein können. Sie unterscheiden sich vor allem durch den baulichen Aufwand. Bei allen baulichen Varianten entscheidet jedoch mehr oder weniger ein einziges Merkmal über ihre Qualität: nämlich die Lufttemperatur und die Luftfeuchtigkeit im Lagerraum.

Warum diese Klimafaktoren für eine möglichst verlustarme Frischlagerung so wichtig sind, wird deshalb gleich zu Anfang im Buch kurz beschrieben. Im folgenden werden dann die verschiedenen baulichen Einrichtungen zur Lebensmittelaufbewahrung gezeigt, angefangen mit den zum Teil sehr einfach zu erstellenden Feldkellern (siehe Kap. 2) bis hin zu den mehr oder weniger aufwendig gebauten Hauskellern und massiven Freilandkellern (siehe Kap. 3). In Kapitel 4 folgen dann Beispiele von Naturkellern, die von ihren Erbauern/Planern vorgestellt werden. *Bernhard Nixdorf* beschreibt ausführlich, wie ein zu warmer Keller nachträglich zu einem kühlen Vorratskeller umgebaut werden kann. Wird der Naturkeller bei einem Neubau gleich bei der Planung mitberücksichtigt, sind die zusätzlichen Kosten im Verhältnis zum (Warm-) Keller nur geringfügig höher, besonders wenn Eigenleistungen erbracht werden.
Manchmal soll nachträglich auf dem Grundstück ein Werkstattraum, ein kleiner Stall, eine Garage oder eine Terrasse errichtet werden. Warum nicht mit einem Naturkeller darunter? *August und Veronika Jäger* bauten unter ihre Hobbywerkstatt einen Vorratskeller aus Natursteinen, um endlich einen kühlen Ort für die Überwinterung der Frischvorräte der sechsköpfigen Familie zu haben. *August Jäger* war vom Nutzen eines Naturkellers so überzeugt, dass er Jahre später einen solchen auch unter einen mehrgeschossigen Wintergartenanbau baute.
Nachdem *Otto-Christian Giercke* eine ganze Reihe von Naturkellern geplant und erstellt hatte, darunter auch größere für landwirtschaftliche Erzeugergemeinschaften, baute er einen Keller für sich und seine Familie als zweckmäßigen Unterbau einer Terrasse.
Noch sehr selten sind Naturkeller in Häusern mit Passivhausstandard zu finden. Dass die baulichen Anforderungen, die an Passivhäuser gestellt werden, sich durchaus mit dem Einbau eines Naturkellers vereinbaren lassen, zeigt das Passivhaus von *Ute und Stephan Langbein*.
Wer ein ausreichend großes Grundstück zur Verfügung hat, bevorzugt vielleicht einen freistehenden, je nach Grundwasserstand mehr oder weniger in die Erde eingebauten Keller. *Carl-Heinz Buck* zeigt, wie gut sich sein Freilandkeller in die Landschaft einfügt (siehe großes Umschlagfoto), und wie unkompliziert er herzustellen ist (siehe Kap. 4).
Auch auf dem Gelände des *Umweltbildungszentrums Hollen* in der Gemeinde Ganderkesee mit Bauerngarten und Streuobstwiese leistet ein Naturkeller gute Dienste.
Der Kartoffelkeller von Familie Holdstein fiel den Restaurierungsarbeiten ihres alten Hauses zum Opfer. So baute *Andreas Holdstein* in etwa 100 Stunden einen strohgedämmten Freilandkeller auf ihr Hanggrundstück. Das Ergebnis fiel so überzeugend aus, dass er danach gleich noch für seinen Bruder im Odenwald einen Weinkeller errichtete.
Auch im mit vorgefertigten Gewölbe-Deckenelementen ausgestatteten Naturkeller von *Karin Bucher und Matthias Hosse* soll die Gartenernte bestmöglichst überwintern. Zudem wissen sie ihren Keller aber auch vor größeren Festen als großräumigen „Zweitkühlschrank" für Speisen und Getränke sehr zu schätzen ...

Claudia Lorenz-Ladener

1 Klimabedingungen für die Frischlagerung

Die sinnvolle Aufbewahrungsdauer und die Qualität von gelagertem Obst und Gemüse werden wesentlich von den Klimabedingungen im Lagerraum beeinflusst, d.h. durch die

- Temperatur
- Luftfeuchte
- Luftbewegung und
- Zusammensetzung der Luft

Lufttemperatur

Von den Klimafaktoren ist die Lufttemperatur für das Lagern von Obst und Gemüse besonders wichtig. Denn bei niedrigen Temperaturen laufen die biologisch wirksamen Reaktionen der Gartenprodukte langsamer ab, d.h. der Reifeprozess wird verzögert. Dadurch lässt sich die Lagerdauer verlängern (Abb. 1.1 und 1.2). Außerdem werden bei geringen Lufttemperaturen auch die mikrobiellen Vorgänge und somit die Fäulnis eingeschränkt.
Das Absenken der Temperatur ist allerdings nur bis zu einer bestimmten Grenze sinnvoll, denn für die meisten Obst- und Gemüsesorten sind Temperaturen etwa ab dem Gefrierpunkt und tiefer nicht mehr zuträglich (Tab. 1). Im allgemeinen ist Gemüse weniger anfällig für Frostschäden als Obst. Kurzzeitiger Frost schadet z.B. Möhren und Sellerie nicht, Rosenkohl, Porree und Winterwirsing können sogar bei -1,5°C bis -2°C längere Zeit schadensfrei gelagert werden.

Die günstigsten Lagertemperaturen sind immer arten- und sortenspezifisch und meist so niedrig (siehe Kap. 5 Frischlagerung, Seite 124 ff.), dass sie im Naturkeller ohnehin nicht für längere Zeit aufrecht erhalten werden können. Daher hat sich in der *gewerblichen* Lagerhaltung die maschinelle Kühlung durchgesetzt. Hierbei wird außerdem gefordert, dass die Lagertemperaturen möglichst wenig schwanken (optimal ±0,5°C), denn Temperaturschwankungen beeinflussen den Stoffwechsel der Frischvorräte, die Kondenswasserbildung und die relative Luftfeuchtigkeit des Lagerraumes (Abb. 1.3).

1.1
Einfluss der Temperatur auf die Atmungsaktivität der Birnensorte „Williams Christ“. Quelle (4)

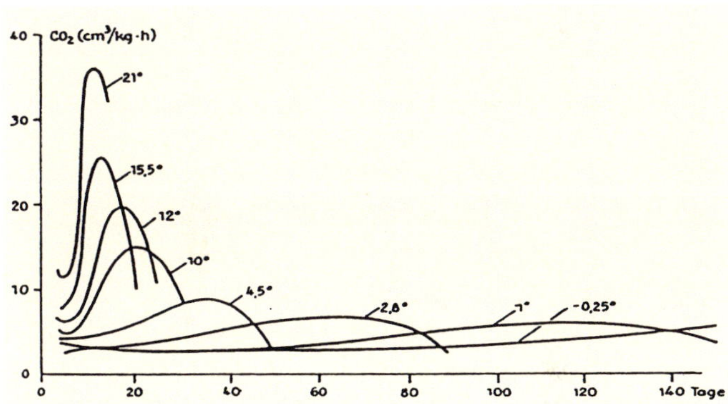

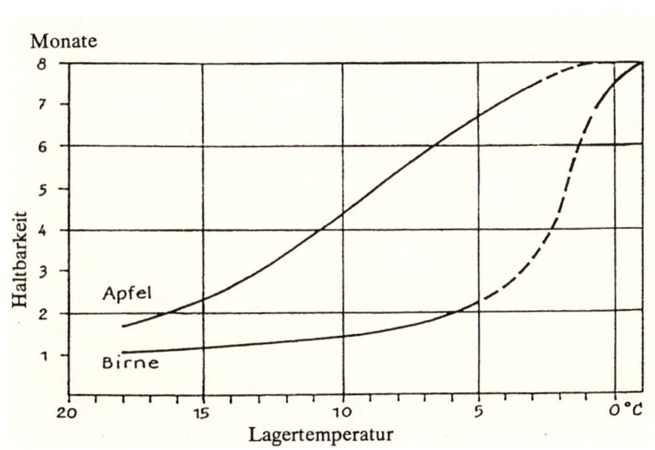

1.2: Einfluss der Lagertemperatur auf die Haltbarkeit von Apfel und Birne. Quelle (4)

Kulturen	Ungefähre Lagerdauer unter optimalen Lagerungsbedingungen	Optimale Lagerungsbedingungen Temperatur	Luftfeuchtigkeit
Kartoffeln	bis zu 1 Jahr	+3 – +1°C	85 – 95%
Weißkohl	bis zur neuen Ernte	0 – –1°C	90 – 97%
Blumenkohl	bis Mai	0,5 – 0°C	85 – 90%
Rosenkohl	bis Mai	1 – 0°C	90 – 95%
Kohlrabi	bis zur neuen Ernte	2 – 0°C	90 – 95%
Kohlrüben	bis zur neuen Ernte	2 – 0°C	90 – 95%
Möhren	bis zur neuen Ernte	1 – 0°C	90 – 95%
Petersilie	bis zur neuen Ernte	1 – 0°C	90 – 95%
Sellerie	bis zur neuen Ernte	1 – 0°C	90 – 95%
Pastinaken	bis zur neuen Ernte	1 – 0°C	90 – 95%
Rote Rüben	bis zur neuen Ernte	1 – 0°C	90 – 95%
Rettich	bis zur neuen Ernte	1,5 – 0,5°C	85 – 90%
Meerrettich	bis zur neuen Ernte	4 – 0°C	85 – 90%
Porree	bis Januar	0,5 – 0°C	85 – 90%
Knoblauch	bis zu 1 Jahr	1 – 0°C	70 – 75%
Spinat, Salat	2 bis 3 Wochen	0,5 – 0°C	90 – 95%
Tomaten, grün u. gelb	2 bis 3 Monate	12 – 10°C	80 – 85%
Tomaten, rot	bis zu 1 Monat	0,5 – 0°C	85 – 90%
Gurken	3 bis 4 Wochen	1 – 0,5°C	85 – 90%
Melonen	bis Mai	1 – 0°C	85 – 90%
Kürbisse	bis zu 1 Jahr	14 – 10°C	70 – 75%
Äpfel	bis zu 1 Jahr	1 – -0,5°C	85 – 95%
Birnen	bis Mai	1 – 0°C	85 – 90%
Aprikosen	bis zu 1 Monat	0,5 – 0°C	85 – 90%
Pfirsiche	bis zu 2 Monate	0,5 – 0°C	85 – 90%
Pflaumen	bis zu 2 Monate	0,5 – 0°C	85 – 90%
Kirschen	bis zu 2 Wochen	0,5 – 0°C	85 – 90%
Weintrauben	bis Mai	1 – 0°C	80 – 90%
Erdbeeren	bis zu 2 Wochen	0,5 – 0°C	85 – 90%
Himbeeren	2 bis 3 Wochen	0,5 – 0°C	85 – 90%
Stachelbeeren	bis zu 2 Monate	0,5 – 0°C	85 – 90%
Johannisbeeren	bis zu 2 Monate	0,5 – 0°C	85 – 90%
Apfelsinen	bis Juli	5 – 4°C	80 – 85%
Mandarinen	bis Mai	3 – 2°C	80 – 85%
Zitronen	bis Juli	5 – 4°C	80 – 85%

Tabelle 1
Die optimalen Lagerungsbedingungen.
Quelle (5)

In der *privaten* Vorratshaltung wird es nun meist nicht das Ziel sein, Obst und Gemüse so lange wie möglich aufbewahren zu wollen, denn mit Dauer der Lagerung vermindern sich natürlich auch die wertvollen Inhaltsstoffe der pflanzlichen Produkte wie Vitamine, Säuren, Kohlehydrate usw. (siehe auch Kap. 5, Seite 132 ff.). Hier sind die Lufttemperaturen zweckmäßig gebauter und mit Frischluft gekühlter Keller, die im Winter um +5°C und im Sommer um +10°C liegen, völlig ausreichend. Diese Temperaturen genügen in der Regel, um die meisten lagerfähigen Obst- und Gemüsearten so lange aufzubewahren, bis die Natur wieder mit pflückfrischen Produkten aufwartet.

Temperaturschwankungen durch die Außenluft, die sich, zeitlich verschoben, auch im Erdreich bemerkbar machen (siehe Seite 31 ff.), sind im Naturkeller dabei nicht zu vermeiden. Hier kann nur z.B. durch Abdecken des Lagergutes und durch gezielte Lüftung (Ausnutzung der kühlen Nachtluft, Fernhalten von warmer Außenluft am Tage) ein ausgeglichenerer Temperaturverlauf angestrebt werden.

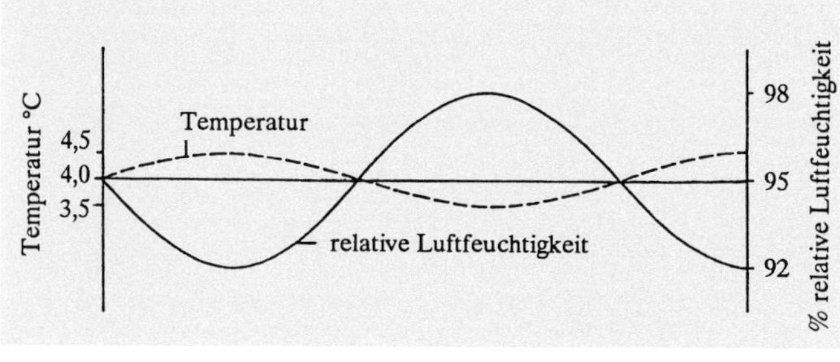

1.3
Wechselbeziehungen zwischen Temperatur und relativer Luftfeuchtigkeit.
Quelle (4)

Luftfeuchtigkeit

Neben der Raumtemperatur ist auch die Luftfeuchtigkeit für die Lagerhaltung von großer Bedeutung. Frische pflanzliche Erzeugnisse bestehen im allgemeinen zu 75 bis 95% aus Wasser, das über ihre Zellen mit der Lagerluft in Verbindung steht. Ist nun die Luftfeuchtigkeit im Lagerraum zu gering, geben die Pflanzen einen ständigen Feuchtestrom an die Umgebungsluft ab, sie trocknen aus, schrumpfen bzw. welken. Andererseits fördert eine zu hohe Luftfeuchtigkeit die Entwicklung von Schimmelpilzen und Fäulniserregern.
Das Aufnahmevermögen der Luft für Feuchtigkeit ist temperaturabhängig, es steigt mit zunehmender Temperatur. Die Sättigungsfeuchte, gemessen in g/m^3, gibt die Wasserdampfmenge an, die bei einer bestimmten Temperatur maximal aufgenommen werden kann. Die *relative* Luftfeuchtigkeit ist ein Maß dafür, wieviel % der Sättigungsmenge in der Luft tatsächlich vorhanden sind. So bedeutet 50% relative Feuchtigkeit beispielsweise, dass die Luft halb so viel Wasserdampf enthält, wie sie bei der betreffenden Temperatur im Höchstfall aufnehmen kann. Mit Wasserdampf vollkommen gesättigte Luft hat demnach eine relative Feuchtigkeit von 100%.
Im allgemeinen wird im Lagerkeller eine relative Luftfeuchte zwischen 85 und 95% angestrebt, wobei die optimale Luftfeuchte von der Gemüse- und Obstart abhängig ist. Tabelle 1 liefert hier detaillierte Werte. Blattgemüse neigt z.B. aufgrund der großen Blattoberfläche sehr stark zur Zellwasserabgabe und sollte deshalb bei hoher relativer Feuchtigkeit (über 95%) aufbewahrt werden, während z.B. Zwiebeln durch ihre pergamentartige Schale vor Zellwasserverdunstung recht gut geschützt sind und deshalb eine verhältnismäßig trockene Lagerung verlangen, d.h. 70 bis 75% relative Luftfeuchte.
Um die Luftfeuchtigkeit im Keller überwachen zu können, wird am besten ein Hygrometer (Abb. 1.4) möglichst in der Mitte des Raumes aufgehängt.

Das Feuchtigkeitsaufnahmevermögen der Luft nimmt mit sinkender Temperatur ab. Gelangt warme, feuchte Außenluft in einen kühlen Kellerraum und kühlt dabei ab, so kann die relative Luftfeuchtigkeit je nach Kellertemperatur auf Werte nahe 100% ansteigen. Sinkt die Lufttemperatur z.B. an der kühlen Wandoberfläche noch weiter ab, ist die Feuchtigkeit nicht mehr imstande, sich in Dampfform in der Luft zu halten, sondern schlägt sich teilweise als Schwitzwasser (Tau) nieder. Diejenige Temperatur, bei der Wasserdampf kondensiert, wird als Taupunkt bezeichnet. Aus Tabelle 2 ist zu ersehen, dass z.B. bei einer Innentemperatur von +6°C und einer Luftfeuchtigkeit von 85% dann Schwitzwasser entsteht, wenn die Innentemperatur auf +3,62°C absinkt.

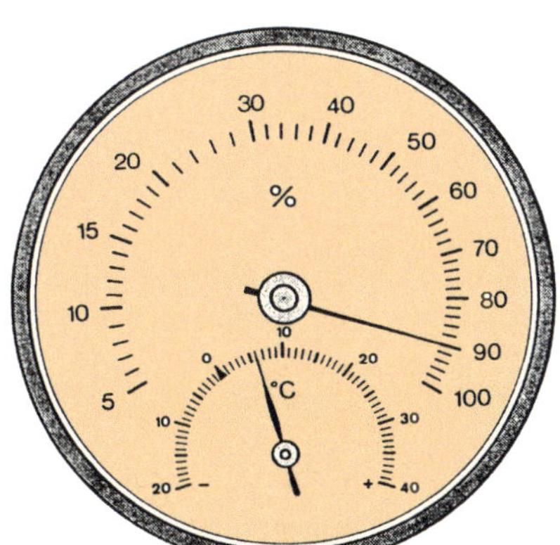

1.4
Kombiniertes Gerät für Temperatur- und Feuchtigkeitsmessung. Quelle (6)

Tabelle 2: Taupunkttemperatur von Luft verschiedener Temperatur und relativer Feuchte. Quelle (7)

Innenluft-temperatur	Taupunkttemperatur in °C bei einer relativen Luftfeuchte von						
	50%	60%	70%	80%	85%	90%	95%
-10°C	-17,45	-15,68	-13,95	-12,50	-11,95	-11,10	-10,60
-5°C	-12,95	-10,93	-8,93	-7,60	-6,94	-6,18	-5,61
-2°C	-10,06	-7,94	-6,26	-4,67	-3,85	-3,15	-2,93
±0°C	-8,21	-6,10	-4,26	-2,59	-1,99	-1,42	-0,67
2°C	-6,56	-4,40	-2,48	-0,98	-0,26	+0,47	+1,20
4°C	-4,88	-2,61	-0,88	+0,78	+1,62	+2,44	+3,20
6°C	-3,07	-1,05	+0,85	+2,72	+3,62	+4,48	+5,38
8°C	-1,61	+0,67	+2,83	+4,77	+5,66	+6,48	+7,32
10°C	+0,02	+2,53	+4,79	+6,79	+7,65	+8,45	+9,31
12°C	+1,84	+4,46	+6,74	+8,69	+9,60	10,48	11,33
14°C	+3,76	+6,40	+8,67	10,71	11,64	12,55	13,36
16°C	5,59	8,29	10,61	12,66	13,63	14,58	15,54
18°C	7,43	10,12	12,44	14,56	15,41	16,31	17,25
20°C	9,30	12,00	14,40	16,46	17,44	18,36	19,18

Bedenkt man, dass einerseits im Naturkeller niedrige Temperaturen *und* eine hohe relative Luftfeuchtigkeit erwünscht sind, andererseits die Luft aber eine umso geringere maximale Luftfeuchte halten kann, je niedriger die Temperatur ist, wird verständlich, dass Kondensation, also das Ausscheiden von Tauwasser, leicht auftreten kann. Der Kondensationsvorgang beginnt dabei immer an der kältesten Fläche. Um die Schwitzwasserbildung möglichst zu verhindern (und natürlich auch, um einer unerwünschten Temperaturerhöhung im Keller vorzubeugen), werden Kellerräume in der warmen Jahreszeit am besten nur in den (wenigen) kühlen Nachtstunden gelüftet. Schwitzwasser kann aber auch im Winter anfallen, wenn die Außentemperatur sehr niedrig ist und die Kellerdecke z.B. bei nicht überbauten Lagerkellern ungenügend wärmegedämmt ist. Sie ist dann meist die kälteste Begrenzungsfläche, an der sich am ehesten Schwitzwasser bildet. Dies wird vermieden, indem der Wärmeschutz, den die Kellerdecke bietet, so großzügig bemessen wird, dass selbst bei sehr niedrigen Außentemperaturen die Temperatur an der Unterseite der Kellerdecke nie unter den Taupunkt der Kellerluft sinkt.

Die Luftfeuchtigkeit lässt sich im Naturkeller im allgemeinen leichter beeinflussen als die Temperatur, denn sie ist u.a. auch abhängig vom Baumaterial und von der Feuchtigkeit des umgebenden Erdreiches. Ziegelwände halten durch ihr gutes Speichervermögen z.B. besser eine höhere und relativ gleichmäßige Luftfeuchtigkeit als Wände aus Beton (Tabelle 3). Ebenso sind Fußböden aus gestampftem Lehm oder aus Ziegelpflaster günstig (siehe Kap. 3). In so gebauten Kellern, vor allem, wenn sie weitgehend von Erdreich umgeben sind, stellt sich gewöhnlich ohne zusätzliche Maßnahme die erwünschte relative Luftfeuchtigkeit ein. Sollte die Luftfeuchte gelegentlich zu hoch sein, lässt sich dies meist durch Lüften regulieren. Feuchte Luft sammelt sich immer oben im Raum, sie ist leichter als trockenere Luft und lässt sich deshalb gut weglüften. Dagegen ist die Luft in ebenerdigen Lagerräumen oder in höher gelegenen Betonkellern erfahrungsgemäß eher zu trocken als zu feucht.

Material	Wasseraufnahmekoeffizient w $kg/(m^2 \cdot h^{0,5})$
Vollziegel	20 bis 30
Kalksandstein	4 bis 8
Bimsbeton	1,5 bis 2,5
Gasbeton	4 bis 8
Gipsbauplatten	35 bis 70
Weißkalkputz	7
Kalkzementputz	2 bis 4
Zementputz	2 bis 3
Kunststoffdispersionsbeschichtung	0,05 bis 0,2

Tabelle 3: Wasseraufnahmekoeffizienten einiger Stoffe. Quelle (7)

Zur Erhöhung der Luftfeuchte kann z.B. einfach - aber ein bißchen umständlich - ein Behälter mit Wasser aufgestellt, oder der Boden mit Wasser benetzt werden. In der Schweiz wird empfohlen, für die Obstlagerung Waldmoos als Unterlage zu benutzen (1). Moos hält eine gleichmäßige Feuchtigkeit und soll außerdem die Gefahr der Pilzentwicklung herabsetzen sowie kleine Gasmengen absorbieren, vor allem Äthylen, das die Fruchtreife bei Obst beschleunigt. Weitere einfache Maßnahmen zur Erhöhung der Luftfeuchtigkeit sind:

- Wurzelgemüse in feuchtem Sand lagern
- Verpacken von Obst in Kunststofffolie oder Ölpapier
- Beschränkung der Belüftung auf das notwendige Minimum.

Tipp für die Einlagerung von Früchten
Eine zu frühe oder verspätete Ernte vermeiden und keine sehr kleinen Früchte für die Lagerung vorsehen, weil diese aufgrund ihrer großen Oberfläche relativ mehr Wasser verdunsten als größere.

Luftbewegung und Luftzusammensetzung

Die normale Zusammensetzung der Außenluft besteht aus ca. 0,03% Kohlendioxid (CO_2), etwa 21% Sauerstoff (O_2) und ca. 78% Stickstoff (N_2). Gemüse und Obst sind lebende Organismen, deren Stoffwechsel nach der Ernte noch weitergeht (Abb. 1.5). Wie bei Menschen und Tieren auch, wandeln Pflanzen einen Teil des Zukkers (Fruchtzuckers) unter Aufnahme von Sauerstoff in Kohlendioxid um. Beim Lagern größerer Mengen von Obst und Gemüse verändert sich durch diesen Stoffwechsel die Zusammensetzung der Raumluft. Deshalb muss gelüftet werden, denn die »Atmung« der Frischprodukte beschleunigt die Fruchtreife und fördert Fäulnis. Die Atmungsintensität ist je nach Pflanzenart und Temperatur verschieden (Tab. 4). Die Reifungsvorgänge werden also nicht nur durch niedrige Umgebungstemperaturen und eine hohe Luftfeuchtigkeit verlangsamt, sondern auch durch eine ausreichende *Luftbewegung* im Raum, welche die mit den reifefördernden Atmungsstoffen der Pflanzen angereicherte Luft abführt.
Als Auftrieb für die Luftbewegung kann dabei grundsätzlich die *natürliche Konvektion* (Aufstieg der wärmeren bzw. feuchteren und damit leichteren Luft) genutzt werden. Sie wird in frischluftgekühlten Lagerräumen durch den Einbau von Zu- und Ab-

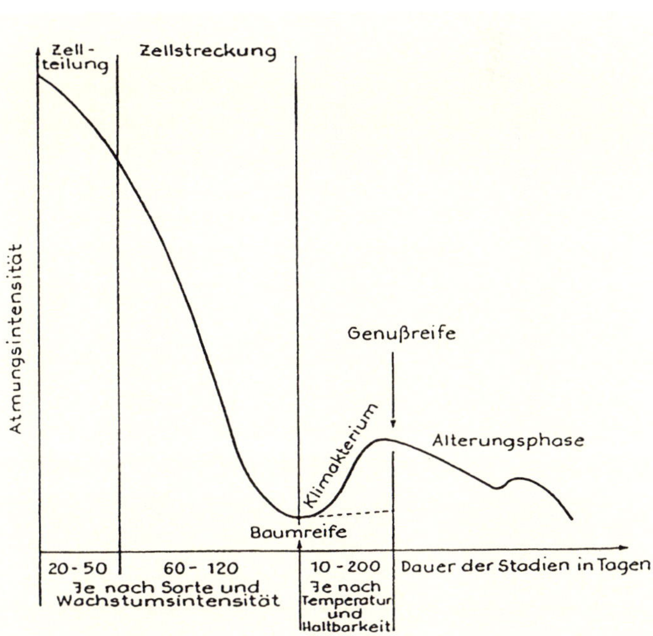

1.5
Atmungsintensität und Fruchtentwicklungsstadien beim Apfel.
Quelle (4)

luftkanälen mit verstellbaren Öffnungen gesteuert. Leider lässt sich die Stärke des Luftwechsels bei freier Lüftung kaum exakt bemessen. Sie muss von Fall zu Fall unter Beobachtung von Thermometer und Hygrometer eingestellt werden. Auch der Einsatz eines temperaturgesteuerten Ventilators kann dieses Problem - abgesehen vom zusätzlichen Energieverbrauch - nur unzureichend lösen.

In der gewerblichen Lagerhaltung von Frischprodukten wird seit 1928 auch die Luftzusammensetzung gesteuert (sogenannte »CA-Lager«: CA = controlled atmosphere; auch Gaslagerung genannt). Gemüse und Obst lagern dabei in einem mit Kühlaggregaten ausgestatteten Raum, wobei das Verhältnis von Kohlendioxid und Sauerstoff in der Zusammensetzung der Raumluft zur Verlängerung der Lagerdauer verändert wird. Das Prinzip beruht auf der Erkenntnis, dass Pflanzen und Früchte in nahezu gleicher Menge Kohlendioxid abgeben, wie sie Sauerstoff aufnehmen. Ende des 19. Jahrhunderts wurde festgestellt, dass sich der Stoffwechsel der pflanzlichen Produkte verlangsamt, wenn die Sauerstoffkonzentration in der Umgebungsluft erheblich vermindert ist.

»In gewisser Weise wurde die CA-Lagerung viele Jahre mehr oder weniger auf der Basis zufälliger Erfahrungen durchgeführt. Der Brauch, mit Äpfeln gefüllte Fässer im Boden zu vergraben und sie mit Erde und Abfall zu bedekken, stellte eine Art Vorläufer der CA-Lagerung dar. Das Gleiche gilt für den Transport von Obst in ungelüfteten Schiffsräumen«. (2)

Auch im Naturkeller, vor allem, wenn er zu trocken und zu warm sein sollte, ist es in geringem Maße möglich, die Luftzusammensetzung zu steuern und so die Haltbarkeit einiger Lebensmittel (insbesondere Äpfel, Birnen usw., vgl. S. 124 ff.) zu verlängern. Früher geschah das dadurch, dass die Früchte einzeln in Seidenpapier eingewickelt wurden. Dadurch waren sie nicht nur vor Druckstellen und nachträglichen Infektionen geschützt (wobei auch die Transpiration und das damit verbundene Welken vermindert wurde), sondern die Papierumhüllung verhinderte vor allem auch die Durchlüftung. Denn während die Stoffwechselprodukte in schwacher Konzentration reifebeschleunigend wirken, wird durch die fehlende Durchlüftung eine so hohe Konzentration erreicht, dass sie konservierend sind.

»Kein Lebewesen ist in der Lage, in seinen eigenen Ausscheidungen zu leben. So werden auch beim Obst die Reifungsvorgänge durch die eigenen Ausscheidungen praktisch unterbunden«. (3)

Nachteilig bei der Einzelverpackung ist allerdings nicht nur, dass das Einwickeln zeitraubend ist und viel Papier verbraucht, sondern auch, dass schadhafte Früchte nur schwer entdeckt werden können.

Leichter geht die »Gaslagerung« mit lebensmittelgeeigneten Gefrierbeuteln, die mehrere Pfund Obst auf einmal fassen (nur völlig einwandfreie, gut entwickelte Früchte auswählen). Bevor das Obst, nach Sorten getrennt, in die Beutel eingefüllt wird, sollte es ein paar Tage offen im Keller gelagert werden, um sich der Temperatur anzupassen. Die Beutel werden verschlossen aufbewahrt, die Bildung eines feinen Feuchtigkeitsniederschlags im Inneren der Beutelist normal. Auf diese Art wird das Reifen beträchtlich verzögert und die Lagerungsdauer um etliche Zeit verlängert.

Tabelle 4 *(rechte Seite)* Spezifische Wärme und Atmungswärme von Obst und Gemüse. Quelle (8)

Obstart/	spez.Wärme	Atmungswärme in kcal/kg pro 24 h bei					
Gemüseart	kcal/kg °C	0°C	2°C	5°C	10°C	15°C	20°C
Äpfel (Frühsorten)	0,87-0,92	0,20-0,38	0,29-0,43	0,32-0,65	0,84-1,25	1,10-1,90	1,21-2,55
Äpfel (Spätsorten)	0,87-0,92	0,11-0,22	0,22-0,28	0,28-0,43	0,42-0,64	0,57-1,20	0,90-1,48
Birnen (Frühsorten)	0,88-0,92	0,16-0,30	0,27-0,54	0,45-0,95	0,60-1,30	2,10-3,30	2,40-5,50
Birnen (Spätsorten)	0,88-0,92	0,16-0,22	0,22-0,46	0,36-0,86	0,48-1,14	1,70-2,60	1,95-4,50
Brombeeren	0,88	0,96-1,40	1,20-2,13	1,75-2,84	3,18-5,80	4,30-8,90	8,00-12,0
Erdbeeren	0,92-0,93	0,70-0,96	0,83-1,31	0,91-1,90	1,85-3,62	2,70-5,00	3,60-6,20
Himbeeren	0,86-0,88	0,97-1,90	1,12-2,38	1,70-3,40	3,02-5,80	4,50-12,0	7,00-15,0
Johannisbeeren, schwarz	0,88-0,90	0,42-0,68	0,67-1,10	0,90-1,67	1,34-3,75	3,04-7,20	4,60-11,5
Johannisbeeren, rot	0,88-0,90	0,28-0,41	0,36-0,63	0,49-0,95	0,72-1,94	1,65-4,20	2,55-6,40
Kirschen, süß	0,87	0,32-0,44	0,36-0,64	0,57-0,93	0,79-2,05	1,65-3,40	3,20-4,55
Kirschen, sauer	0,87	0,32-0,45	0,39-0,71	0,63-1,12	0,88-2,24	1,84-3,75	3,55-5,00
Mirabellen	0,90-0,92	0,38-0,40	0,44-0,68	0,74-1,29	1,26-2,10	1,62-3,60	2,75-4,44
Hasel- u. Walnüsse	0,22-0,25	>0,05	>0,05	0,10	0,20	0,20	0,30
Pfirsiche	0,90-0,92	0,10-0,22	0,15-0,26	0,22-0,31	0,38-0,52	0,67-0,88	1,06-1,15
Pflaumen	0,88-0,90	0,38-0,44	0,46-0,72	0,77-1,35	1,29-2,60	1,70-3,85	2,90-4,85
Stachelbeeren	0,90	0,29-0,42	0,40-0,61	0,49-0,93	0,73-1,82	1,63-3,90	2,50-6,60
Weintrauben	0,86-0,92	0,10-0,20	0,24-0,35	0,34-0,50	0,49-0,75	0,74-1,00	1,03-1,60
Zwetschgen	0,88-0,90	0,28-0,32	0,37-0,64	0,59-1,25	1,18-1,90	1,54-3,10	2,45-4,15
Blumenkohl (mit Blatt)	0,92-0,95	0,50-1,30	0,72-1,45	1,10-1,60	2,55-2,85	4,00-5,35	6,30-8,30
Bohnen, grün	0,92-0,95	1,17-1,45	1,60-1,70	2,15-2,50	3,35-4,25	5,45-8,50	8,15-11,9
Dicke Bohnen	0,88	0,40-0,60	0,73-0,90	1,15-1,55	2,20-3,00	3,65-5,10	6,65-8,10
Endiviensalat	0,94	2,20-2,75	2,75-3,20	3,80-4,20	5,15-5,74	6,80-7,80	10,6-11,4
Erbsen (in Hülsen)	0,88	1,80-2,15	2,40-2,95	3,20-3,90	4,10-5,50	7,50-9,50	11,8-13,3
Grünkohl	0,89	0,52-0,68	0,70-0,75	0,85-1,05	1,30-1,60	2,15-2,50	3,25-4,00
Gurken (Schlangengurken)	0,96	0,39-0,42	0,40-0,50	0,50-0,70	1,05-1,25	1,95-2,50	3,15-3,60
Knoblauch (trocken)	0,79	0,45	0,66	0,95	1,45	2,65	3,15
Kartoffeln	0,80-0,90	0,22-0,54	0,22-0,50	0,25-0,40	0,34-0,45	0,40-0,75	0,50-0,90
Kohlrabi (ohne Blatt)	0,92	0,47-0,55	0,65-0,78	0,70-1,05	1,20-1,35	1,60-1,90	2,10-2,35
Kohlrüben	0,95	0,30-0,35	0,32-0,40	0,40-0,65	0,57-1,10	1,20-1,85	2,10-2,45
Möhren	0,90-0,94	0,20-0,58	0,45-0,70	0,58-0,80	0,65-0,90	1,50-2,00	1,85-2,80
Paprika (Gemüse)	0,94	0,50-0,68	0,65-0,90	1,16-1,32	1,75-1,98	2,13-2,35	2,50-2,70
Pilze (agaricus bisporus)	0,93	2,35-2,50	2,55-2,70	3,05-3,30	5,00-5,20	9,65-10,0	12,4-13,1
Porree (Winter)	0,90-0,93	0,73-1,10	1,20-2,30	2,65-3,15	5,65-5,90	8,65-9,95	11,2-12,2
Radieschen	-	1,13-1,25	1,30-1,50	1,65-1,80	2,05-2,30	4,00-4,25	6,20-6,60
Rettich (ohne Laub)	0,95	0,38-0,55	0,38-0,60	0,42-0,80	1,15-1,40	2,05-2,40	3,50-3,70
Rhabarber (gebündelt)	0,96	0,70-0,80	0,80-0,90	0,95-1,10	1,30-1,60	2,25-2,60	3,80-4,00
Rosenkohl	0,88-0,91	1,00-1,40	1,15-1,60	2,00-2,80	3,45-4,70	5,15-6,10	10,1-10,7
Rote Bete	0,92	0,24-0,40	0,30-0,58	0,65-0,70	1,05-1,25	1,45-2,40	3,05-4,40
Rotkohl (Winter)	0,95	0,30-0,38	0,32-0,50	0,45-0,50	0,60-0,80	1,05-1,20	2,10-2,40
Salat (Sommer)	0,95-0,96	0,65-0,80	0,70-0,90	0,85-1,05	1,05-2,10	2,25-3,90	5,20-7,00
Sellerie (Knollen)	0,94-0,96	0,30-0,50	0,40-0,60	0,65-0,95	1,10-1,75	2,00-2,35	2,55-3,00
Spargel	0,93-0,94	1,20-1,35	1,40-1,50	1,60-1,75	3,00-3,30	4,25-5,75	6,00-7,50
Spinat	0,94-0,95	1,25-1,70	1,60-2,45	2,65-4,10	4,30-6,45	8,75-10,8	13,0-18,5
Tomaten (reif)	0,93-0,95	0,28-0,36	0,33-0,40	0,40-0,55	0,65-0,85	1,10-1,80	1,65-2,10
Weißkohl (Winter)	0,94-0,95	0,30-0,50	0,35-0,60	0,45-0,85	0,75-1,10	1,20-1,65	2,20-2,50
Wirsingkohl	-	0,95-1,30	1,20-1,40	1,55-1,80	3,20-3,75	5,35-6,05	8,00-9,00
Zwiebel	0,90	0,24-0,40	0,26-0,44	0,32-0,52	0,47-0,70	0,65-0,95	0,95-1,20

2 Feldkeller

Als „Feldkeller" werden einfache Erdlager wie Mieten, Erdkammern u.ä. bezeichnet, die - auch historisch - als die Vorläufer massiv gebauter Kellerräume im Haus wie im Freiland anzusehen sind. Bei der Lagerung in solchen Feld- oder Freilandkellern werden die natürlichen Gegebenheiten (Außenwitterung, Erdboden) zur Bevorratung von Gemüse, seltener von Obst, in den Herbst-, Winter- und Frühjahrsmonaten genutzt. Einfache Feldkeller werden gewöhnlich bei trockenem und leichtem Boden etwa 20 bis 30 cm unterhalb des Bodenniveaus angelegt (*Erdeinschlag, Erdmieten*), bei schweren und wasserhaltigen Böden wird auf eine Bodenvertiefung verzichtet und die Gemüsemiete ebenerdig errichtet. Üblich ist eine Breite der Mieten bis ca. 1,6 m bei beliebiger Länge.
Arbeitsaufwendiger ist die Lagerung in etwa 80 cm bis 1 m tiefen *Erdkammern.* Daneben bietet sich für kleinere Vorratsmengen auch eine Freilandlagerung in Frühbeeten, eingegrabenen Tonnen und sonstigen Behältern an (Abb. 2.1).

Feldkeller haben einige Vorteile:

- Sie sind preisgünstige und schnell zu errichtende Aufbewahrungsorte. Ausreichend ist ein Stück trockener Boden, Stroh oder dgl. zum wärmedämmenden Abdecken und Maschendraht o.ä., um Mäuse und anderes Getier abzuhalten.
- In Feldkellern sind die Bedingungen für eine Frischlagerung der meisten Gemüse über den Winter

(a) Einschlagen im Aufsatz- und Frühbeetkasten (10)

(b) Eine Miete aus rechteckigen Strohballen (11)

Vorratslager ebenerdig

• Kleine Vorratsmengen können im ausgeräumten Frühbeetkasten untergebracht werden. Das Frühbeet wird zum Schutz gegen Nagetiere zuerst mit einem engmaschigen Drahtgeflecht ausgekleidet, bevor die Pflanzen mit den Wurzeln in Sand eingeschlagen und reihenweise angeordnet werden. Ist das Gemüse eingelegt, werden die Fenster angebracht und bei Frost mit Brettern, Laub und Stroh gedeckt (a). An frostfreien Tagen sollte gelüftet werden. Im Frühbeetkasten lässt sich Gemüse auch bei Schnee problemlos ernten.

• Strohballen werden so zu einem Rechteck gelegt, dass die Mitte frei bleibt. Den Hohlraum mit Maschendraht und Stroh auskleiden und Gemüse einlegen. 2 Strohballen als Deckel auf 2 Latten legen. Wird es kälter, die Latten entfernen, so dass die Öffnung geschlossen ist (b).

günstig, vorausgesetzt sie sind richtig angelegt. Denn die Temperaturen sind durch die sie umgebende Erde verhältnismäßig stabil und die relative Feuchtigkeit ist recht hoch. Dies wirkt sich vorteilhaft auf die Qualitätserhaltung des Lagergutes aus. Wird bei Frostgefahr der Freilandkeller abgedichtet, sammelt sich durch die Veratmung des vorhandenen Luftsauerstoffes Kohlendioxid an. Dies verlangsamt die Atmung und damit den pflanzlichen Abbau des Lagergutes.

Feldkeller haben aber auch Nachteile:

- Das Lagergut kann schwerlich regelmäßig kontrolliert werden.
- Im Vergleich zur Aufbewahrung z.B. im Hauskeller ist die Freilandlagerung um Einiges unbequemer, denn beim Hereinholen der Lagergemüse müssen die Feldkeller entweder wieder gut wärmegedämmt, oder völlig ausgeräumt werden.
- Bei Frost ist es nicht oder nur schwer möglich, die Mieten zu öffnen. Soll der Haushalt auch während lang anhaltender Frostperioden mit frischem Gemüse versorgt werden, so ist es notwendig, einen entsprechend großen Frischvorrat an anderer Stelle bis zum Verzehr zu lagern.

Bedingung für eine sachgemäße Freilandlagerung ist, dass die Gartenprodukte nicht feucht werden. Der Mietenplatz muss deshalb frei von Grundwasser und Staunässe sein und Niederschlagswasser sollte gut abfließen können. Der ideale Boden besteht aus durchlässiger, sandiger Erde, die sich leicht zwischen die Pflanzen legt und einfach umzugraben ist. Schwere Erde, die nur in großen Stücken abbricht, bedeckt das Gemüse meist nur unzureichend und ist mühsam auszuheben. Die Erde, mit der die Miete angelegt wird, soll-

2.1 a
Freilandlagerung kleinerer Vorratsmengen.

Vorratslager in der Erde

- Nach Früchtel (13) lassen sich kleine Gemüsemengen sehr gut in den Edelstahltrommeln ausgedienter Waschmaschinen einlagern. Sie sind rostfrei und mäusesicher und manchmal billig beim Altwarenhändler erhältlich. Die Trommel wird mit der Öffnung nach oben in die Erde eingegraben, das Gemüse hineingefüllt und das Ganze z.B. mit einem Brett bedeckt. Bei Frostgefahr wird eine dicke Lage Stroh, Rindenmulch o.ä. aufgeschichtet und mit Erde beschwert.

- Jede große Holzkiste, zusammengebaut aus (unbehandelten) Holzresten, ist als kleiner Freiland-Vorratskeller geeignet. Sie wird in eine Erdvertiefung gelegt und mit engmaschigem Drahtgeflecht zum Schutz vor Nagetiere versehen. Das Gemüse wird dann abwechselnd mit Zwischenschichten aus Stroh gestapelt, die oberste Gemüselage wird ca. 10 cm hoch mit Stroh abgedeckt, ein maschendrahtbespannter, gut passender Holzdeckel lose aufgelegt und Strohballen auf den Deckel geschichtet (c). Die Strohballen sollten zum Schutz vor Regen und Schnee mit einer Kunststoffplane abgedeckt werden.

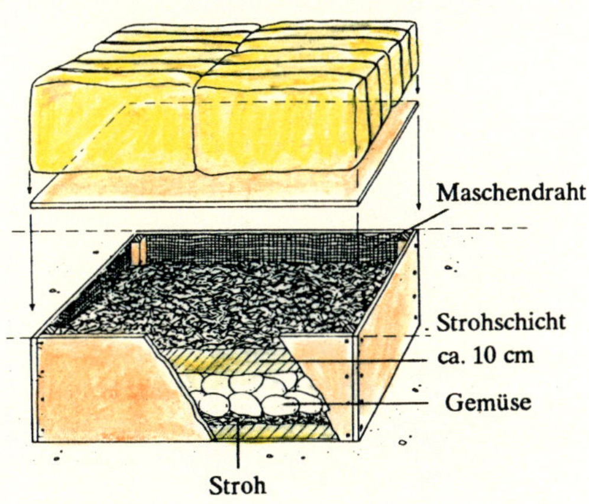

(c) Lagerung in Holzkisten (12)

Material	Spez. Gewicht kg/m³	Wärmeleitzahl λ W/(m·K)
Unbewegte Luft	1,29	0, 23 - 0,045
Sägespäne	215	0,070 -0,072
Hobelspäne	140	0,058
Stroh, gebündelt	140 - 160	0,045 - 0,058
Stroh, gepresst	132	0,058 - 0,087
Schilf	174	0,061
Schilfmatten	266	0,065
Korkplatten	110 - 140	0,042 - 0,046
Glas-/Steinwolle	15 - 120	0,040 - 0,046
Lufttrockenes Holz	500 - 600	0,14 - 0,20
Vollziegelmauerwerk	1600	0,80
Lehmboden, feuchter	–	1,7 - 5,8
Lehm mit Stroh	1500	0,040 - 0,049
Sand, trocken	1600	0,7
Sand, feucht	1800 - 2000	1,0 - 7,5
Erde, trocken	–	0,30
Erdreich, feucht, tonig	1500 - 2000	1,5 - 2,6
Schnee	–	0,23 - 0,70
Eis	900	2,3

Tabelle 5: Wärmeleitzahl und spezifisches Gewicht von hier erwähnten Materialien. Quelle: aus (14), (5)

2.1 b
Freilandlagerung kleinerer Vorratsmengen.

te frei von groben organischen Bestandteilen sein, denn diese könnten die Nahrungsmittel verderben, wenn sie kompostieren. Es ist zu empfehlen, jedes Jahr den Mietenplatz zu wechseln, oder, falls dies nicht möglich sein sollte, die alte Miete sorgfältig zu reinigen und einige Tage auslüften zu lassen, bevor sie neu bestückt und bei Frostgefahr wärmegedämmt wird.

Feldkeller werden vorzugsweise nah am Haus an einem schattigen, windgeschützten Ort angelegt, der am besten etwas Gefälle hat, damit das Wasser gut abfließen kann. Um sich Arbeit zu erleichtern, ist es sinnvoll, nicht für jede Gemüseart eine eigene Miete anzulegen, sondern mehrere Gemüsearten in einer Miete in Längsreihen zusammen zu lagern. Dann kann jeweils ein Vorrat an verschiedenen Gemüsen entnommen werden, der sich für kürzere Zeit bis zum Verzehr in einem kühlen Raum aufbewahren lässt.

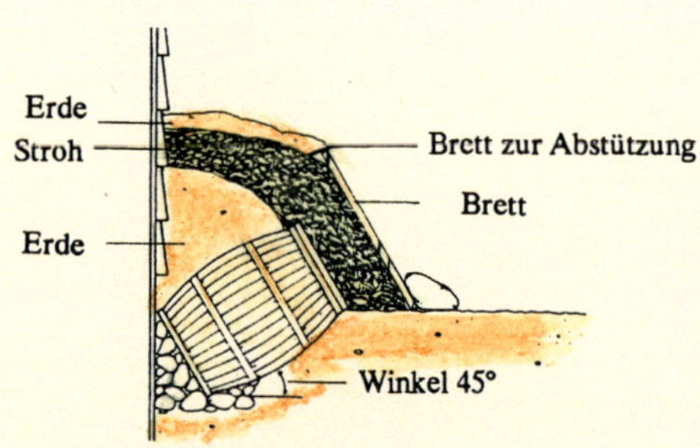

(d) Lagerung im Holzfass (12)

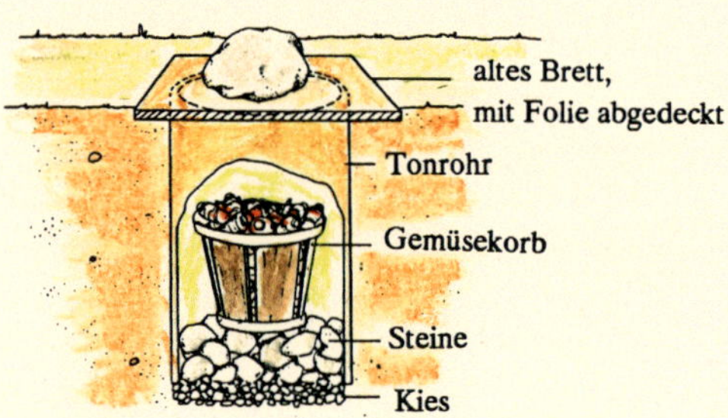

(e) Lagerung im Tonrohr (12)

Vorratslager in der Erde

- Gemüse und Äpfel können auch in einem alten Holzfass, in Kunststoffbehältern, Behältern aus verzinktem Blech oder z.B. in Tonrohren mit großem Durchmesser aufbewahrt werden.
- Lagerung im Holzfass: An der Nordseite eines Gebäudes oder an einem anderen trockenen Platz wird eine Grube ausgehoben und das Fass in einem Winkel von 45° so auf eine Schicht Steine gestellt, dass die Fassöffnung mit der Unterkante gerade das Bodenniveau erreicht (d). Das Fass wird mit Gemüse gefüllt, wobei Stroh, Heu oder trockenes Laub dazwischengeschichtet werden, die oberste Schicht bilden Heu oder Stroh. Das Fass wird mit einem Deckel verschlossen, der wiederum mit einer ca. 30 cm dicken Strohschicht isoliert wird. Ein davorgestelltes Brett verhindert das Abrutschen. Neben und über dem Fass wird Erde, ca. 50 cm dick, aufgeschichtet, dann folgt zur Wärmedämmung eine Lage Stroh, die oben und seitlich mit einer dünnen Erdschicht beschwert wird.

Mieten werden nach dem Füllen nicht sofort wärmegedämmt, sondern erst, wenn Frostgefahr droht, denn vorher sollte das Lagergut gut auskühlen.
Erde allein reicht zumeist nicht als Wärmedämmung aus, allenfalls können mit ihr bei mildem Klima in einer Vertiefung angelegte Gemüsemieten geschützt werden. Oberirdische Mieten sind aufgrund ihrer exponierteren Lage stärker von der Witterung beeinflusst als in der Erde angelegte Vorratslager. Im Vergleich zu Stroh, Rindenmulch usw. bieten Sand und Erde, vor allem, wenn sie feucht sind, keinen guten Wärmeschutz. Sie werden dennoch als Zwischen- oder Abdecklagen eingesetzt, da sie zum Einen verhindern, dass das Stroh oder anderes Isoliermaterial vom Wind weggetragen wird und zum Anderen wird vermieden, dass bewegte Luft in die Strohschichten eindringen kann, wodurch deren Dämmwirkung vermindert würde.

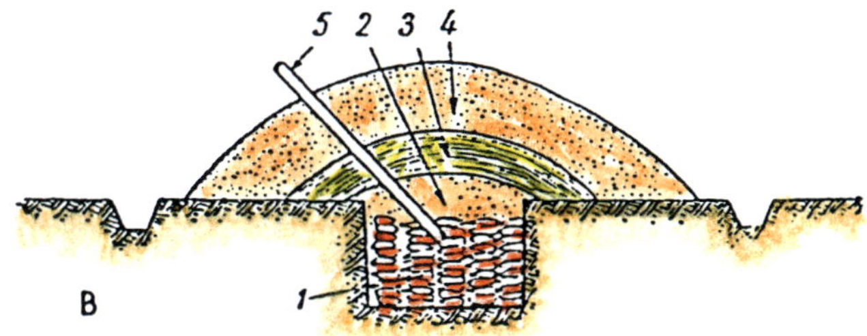

2.2
Das Einlagern von Möhren in Grabenmieten mit Zwischenschichten von Sand und Erde: A) Gesamtansicht,
B) Querschnitt: 1. Wurzelgemüse, 2. erste Schicht Erde, 3. Stroh, 4. zweite Schicht Erde, 5. Mietenthermometer. Quelle (5)

- Lagerung im Tonrohr: Das oben und unten offene Tonrohr wird senkrecht in die Grube gesetzt, in die zuvor eine Lage Kies und Steine eingebracht wurde. Das Gemüse kann nun entweder direkt auf Stroh aufgestapelt (mit Zwischenschichten aus Stroh), oder in Körben hineingestellt werden (e).

- Eine bemerkenswerte Lagermöglichkeit aus dem Land der unbegrenzten Möglichkeiten: Für W.N Woodzell, aus Virginia, USA, dient seit einigen Jahren ein ausrangiertes, gut isoliertes Kühlauto als Freilandkeller. Er ließ ein Loch in einen kleinen Hügel auf seinem Grundstück graben und stellte das Auto so tief es ging hinein. Durch das Dach des Autos führt ein Entlüftungsrohr, das sorgfältig gegen das Eindringen von Nagetieren usw. gesichert ist. Die Räder sind abmontiert und alle Hohlräume um das Auto herum mit Erde verfüllt. Vor die Flächen, die aus dem Hügel herausragen, stapelte er dicke Steine und isolierte die Doppeltüren und das Dach des Autos zusätzlich mit Dämmmaterial (f).

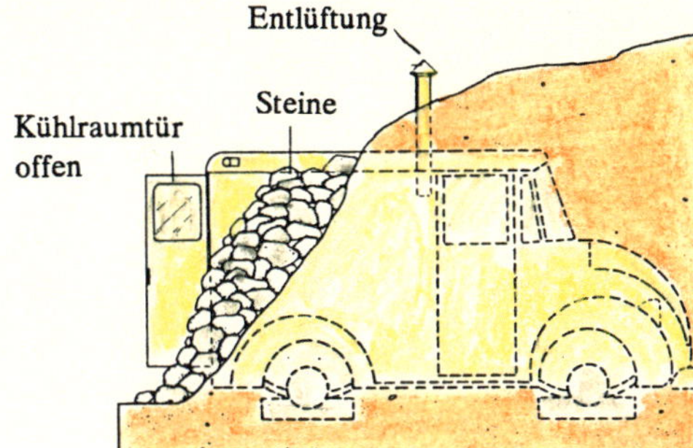

(f) Lagerung im alten Kühlwagen (12)

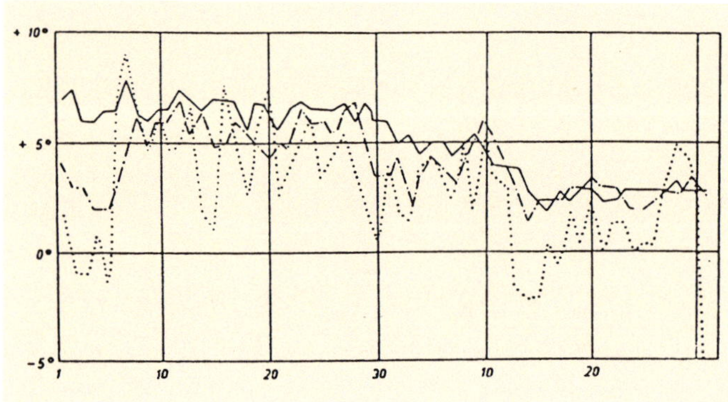

2.3
Temperaturverlauf der Außenluft (.......), der Luft im Lagerraum (-.-.-.), in der Miete (---------). Quelle (1)

Bei Mieten für Wurzelgemüse besteht zur Erhöhung der Feuchtigkeit gewöhnlich die erste Abdeckschicht aus Erde oder Sand (siehe Abb. 2.2 und 2.7), bei Frostgefahr werden als weitere Schichten Stroh und wiederum Erde aufgetragen.

Anders verhält es sich bei Kartoffelmieten. Da Kartoffeln nach der Einlagerung in starkem Maße zelleigenes Wasser abgeben, und sich deshalb in der oberen Schicht Kondenswasser bildet, wird hier zumeist Stroh als erste Deckschicht aufgetragen, das mit einer dünnen Erdschicht (ca. 5 cm) beschwert wird (siehe Abb. 2.9 und 2.12). Auch Kohlmieten werden gewöhnlich zuerst mit Stroh abgedeckt (siehe Abb. 2.10 und 2.11).

Als Dämmstoff zur Abdeckung sind außer Stroh auch Laub, Reisig, getrockneter Farn usw. geeignet, aber auch Schnee und Stallmist haben eine wärmedämmende Wirkung (siehe Tabelle 5). Torf war früher ebenfalls ein häufig eingesetztes Dämmmaterial, sollte heute jedoch wegen des Raubbaus in den Torfmooren nicht mehr benutzt werden. In Belorussland bedecken die Kolchosbauern ihre Kartoffelmieten zuerst mit Fichtenreisig und dann mit Stroh und Erde. Durch das Fichtenreisig entsteht zum Einen eine Luftschicht zwischen Kartoffeln und Stroh, zum Anderen halten die Nadeln der Koniferen die Mäuse fern. Die Nadeln sollen außerdem über phytozide Eigenschaften verfügen, wodurch ein geringerer Krankheitsbefall der Kartoffeln und des Gemüses in den oberen Schichten beobachtet wurde (5).
Die Kontrolle der Temperaturverhältnisse in den Mieten ist einfach, wenn ein Rohr bis zur Mitte der Miete mit eingebaut wird (Abb. 2.2). Mit einem gewöhnlichen Thermometer, das an einem dünnen Stab befestigt wird, lässt sich die Durchschnittstemperatur in der Miete leicht feststellen, indem das Thermometer in das Rohr eingeführt wird. Im Vergleich zum Keller ist das Luftvolumen in den Mieten viel geringer. Durch die großflächige Berührung mit der Oberfläche des gelagerten Gemüses, das sich langsamer als Luft erwärmt oder abkühlt, schwankt die Temperatur innerhalb der Mieten weniger als die Temperatur der Außenluft (Abb. 2.3).

2.4
Einschlagen in Furchen. Quelle (10)

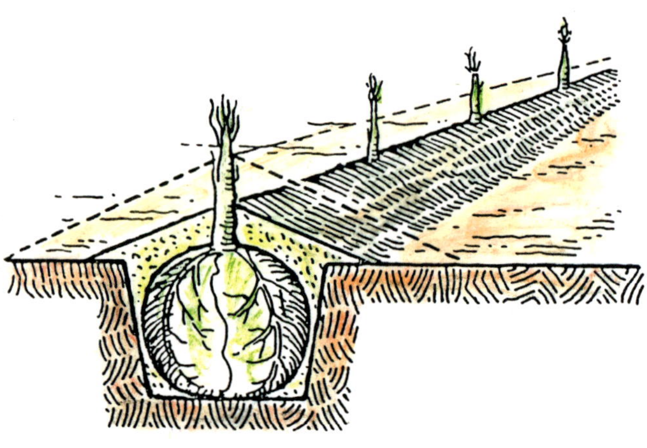

Erdeinschlag

Eine einfache Art der Überwinterung von Kohlarten (außer Blumen- und Grünkohl), Kohlrabi, Zuckerhut, Chinakohl, Endiviensalat usw. besteht bei leichten Böden darin, mit dem Spaten schmale Gräben auszuheben (Abb. 2.4), die Pflanzen einreihig dicht an dicht mit der Wurzel nach oben einzulegen und so mit Erde zu bedecken, dass nur noch das Wurzelende herausschaut. Um das Lagergut vor Staunässe zu schützen, kann der Boden vor dem Einlegen der Gartenfrüchte mit Sand, Stroh, Rindenmulch o.ä. ausgelegt werden. Wichtig ist, dass die Erdabdeckung in der Mitte erhöht wird, damit Regen gut ablaufen kann. Bei Frostgefahr wird die Vorratsfurche dann mit Stroh, Laub und wiederum Erde abgedeckt.

Eine etwas abgewandelte Konstruktion besteht darin, in einem flachen Graben von 20 bis 30 cm Tiefe Gemüse mit den Wurzeln nach unten einzuschichten (Chinakohl nur eine Schicht, Sellerie bis zu 3 Schichten). Dann wird der Graben mit Stangen, Brettern oder Latten abgedeckt und darauf eine Lage Stroh- oder Reisig geschichtet. Zur Belüftung verbleibt zwischen Erntegut und Lattenabdeckung ein freier Raum von 8 bis 10 cm (Abb. 2.6). Erst bei einsetzendem Frostwetter wird eine Erdschicht aufgebracht, und die offenen Enden des Erdeinschlages werden verschlossen.

2.5
Einschlag in breiten Gräben. Quelle (10)

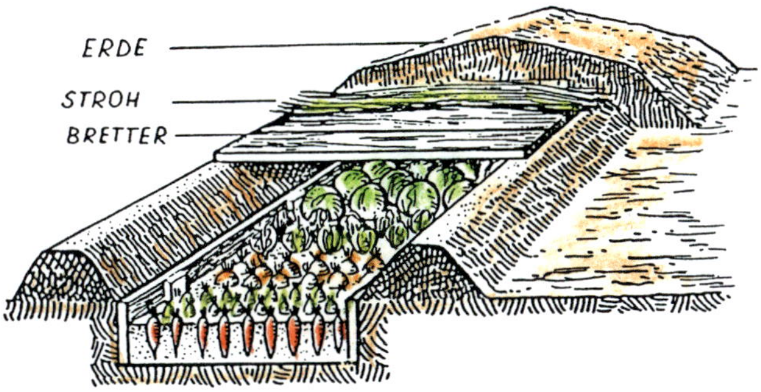

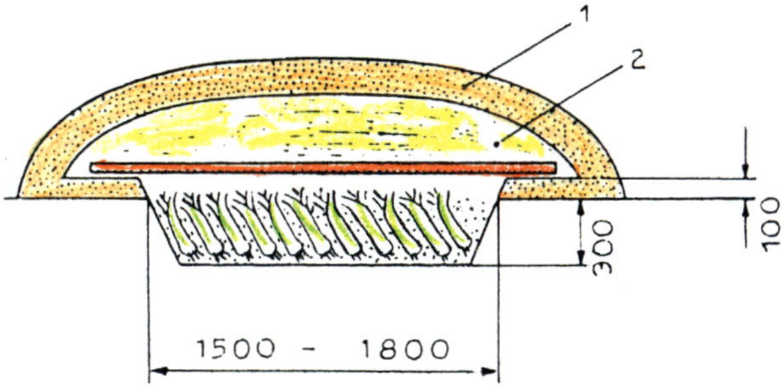

2.6
Erdeinschlag für Porree, winterfest eingedeckt (Angaben in mm).
1 - Erde 100 bis 200 mm; 2 - Stroh 250 mm Quelle (4)

Mieten

Als Mieten werden auf der Erde angelegte oder bis ca. 30 cm in den Boden eingelassene wallförmige Haufen bezeichnet, die aus Gemüse bestehen und bei Frostgefahr mit Isoliermaterial wie z.B. Stroh, Rindenmulch, getrocknetem Farn, Laub, Reisig und Erde abgedeckt werden. Um die Mieten so wenig wie möglich der Sonneneinstrahlung auszusetzen, was ihre Temperaturen im Inneren unvorteilhaft erhöhen könnte, werden

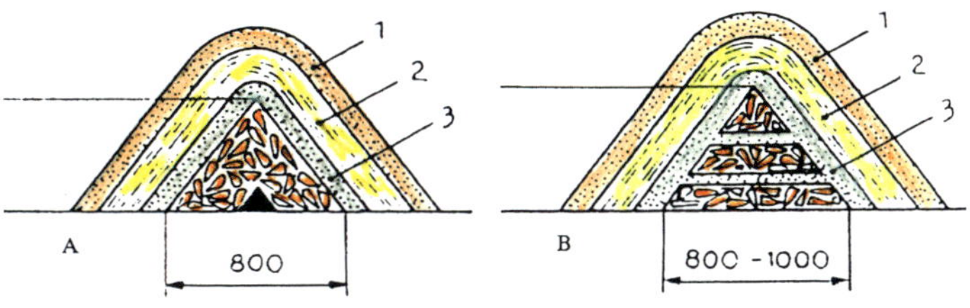

2.7
Erd-Stroh-Miete für Wurzelgemüse, winterfest eingedeckt (Maße in mm). Quelle (4)
A - mit dreieckigem Belüftungskanal B - mit Zwischenschichten aus Sand
1 Erde 100 - 200 mm; 2 Stroh 200 - 300 mm; 3 Sand oder Erde 100 mm

2.8
Anlage einer Kohlmiete.
unten: Erdaushub mit Dränrohrlage zur Bodenlüftung vor Aufschichten des Kohles. Quelle (15)

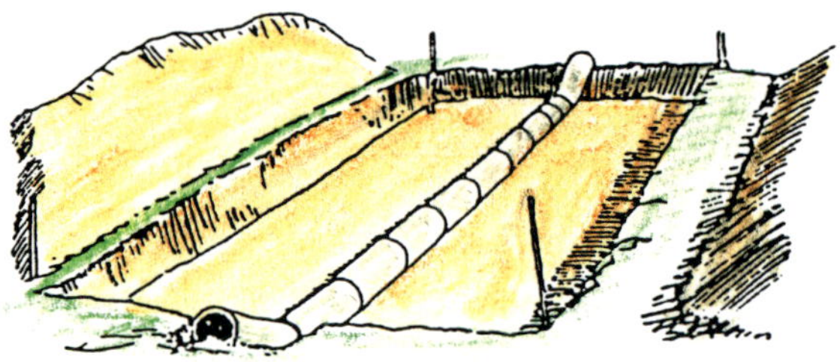

sie, wenn möglich, in Nord-Südrichtung angelegt, d.h. wenn die Sonne im Süden steht, wird nur die schmale Kopfseite beschienen. In Gebieten mit starken, kalten Ostwinden ist es allerdings vorteilhafter, die Mieten in Ost-West-Richtung anzulegen, um dem Wind nicht so viel Angriffsfläche zu bieten, was die Frostgefahr in der Miete erhöhen würdc.
Die Vorräte werden bei Bedarf vom Mietenende genommen, das danach wieder gut verschlossen wird. Es ist sinnvoll, bei der Einlagerung diejenigen Gemüsearten an das zu öffnende Mietenende zu legen, die zuerst verbraucht werden sollen.
Es gibt etliche Arten, Mieten anzulegen. Für Wurzelgemüse und wenig empfindliche Kohlarten können sie mit oder ohne Belüftung gebaut werden (Abb. 2.7). Bei belüfteten Mieten wird vor dem Aufschütten des Gemüses in Längsrichtung ein Belüftungskanal aus Dränagerohren (Abb. 2.8) von etwa 10 cm Durchmesser oder behelfsmäßig aus schräg zusammengestellten Brettern verlegt (Abb. 2.10), der an beiden Seiten aus

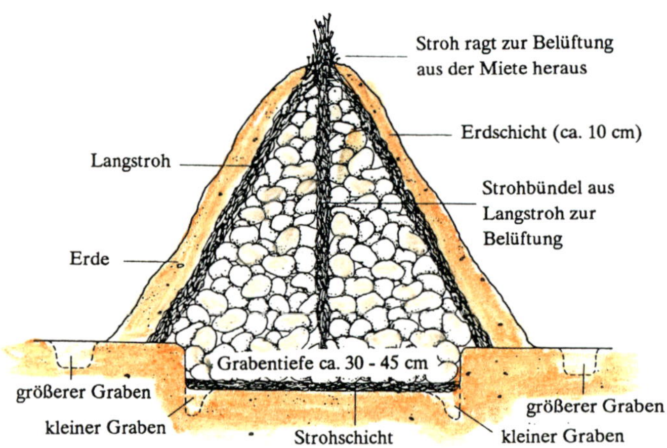

2.9: Belüftung mit Strohbündeln. Quelle (12)

2.11: Erd-Stroh-Miete für Kopfkohl (Maße in mm). Quelle (4)
A - für mildere Winter ohne größere Frostperioden
B - für Winter mit längeren und kälteren Frostperioden
1 - Erde 200 mm; 2 - Stroh 150 mm;
3 - Erde 200-300 mm; 4 - Stroh 50 mm

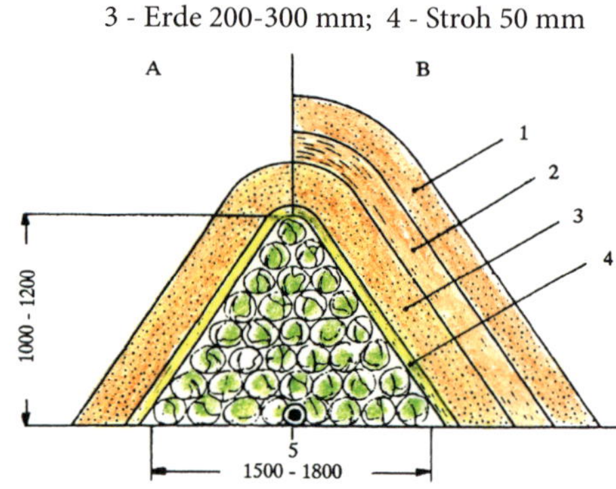

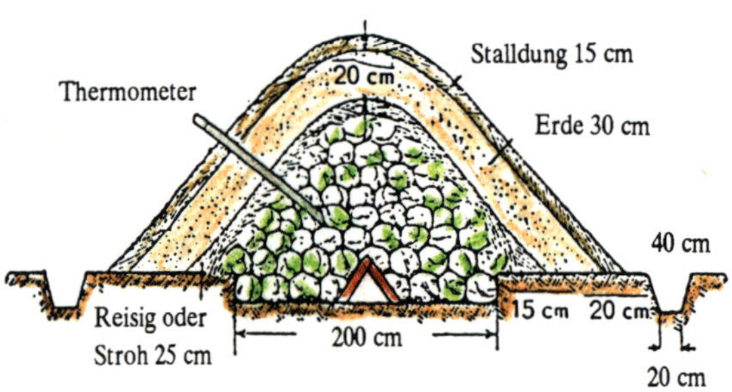

2.10: Querschnitt einer Kohlmiete. Quelle (5)

der Miete herausragt. Diese Luftkanäle bleiben so lange wie möglich zur Abkühlung des Gemüses offen. Erst bei Frosteintritt werden sie mit Stroh o.ä. verschlossen. Oben am höchsten Punkt der Miete ist gewöhnlich in Längsrichtung eine zweite, schräg zusammengenagelte Lüftungsrinne aus Holz angebracht, es werden zur Durchlüftung aber auch Strohbündel über die gesamte Mietenlänge gelegt. Bei längeren Mieten werden oftmals zusätzlich alle 2 Meter so senkrecht wie möglich ca. 15 cm starke Bündel aus Langstroh mittig eingebaut, die den oberen und unteren Belüftungskanal miteinander verbinden. Zur Belüftung dienen in kleineren Mieten auch manchmal vertikal eingelegte Strohbündel oder perforierte Rohre (Abb. 2.9).

Üblicherweise wird das Gemüse in allen Mietenarten etwa 60 cm hoch so aufgeschichtet, dass der Stapel kegelförmig zuläuft. Das *trockene* Gemüse wird dann mit einer Sand- oder Erdschicht ca. 10 cm hoch abgedeckt. Die Erde sollte vorsichtig etwas festgeklopft werden, um das Regenwasser besser abzuleiten. Es ist sinnvoll, um die Miete herum einen schmalen Graben auszuheben und den Erdaushub zur Abdeckung zu verwenden. So wird gewissermaßen eine Regenrinne geschaffen, um zu verhindern, dass sich abfließendes Wasser am Fuß der Miete staut (siehe Abb. 2.9 und 2.10).

Erst wenn sich die Temperatur im Inneren der Miete auf ca. +2°C abgekühlt hat, werden Stroh- und weitere Erdschichten je nach Außentemperaturen als Wärmeschutz angebracht (Abb. 2.11 und 2.12). Das Stroh wird am besten so geschichtet, dass eindringendes Wasser über die Längsseiten des Mietenwalles wieder abfließen kann.

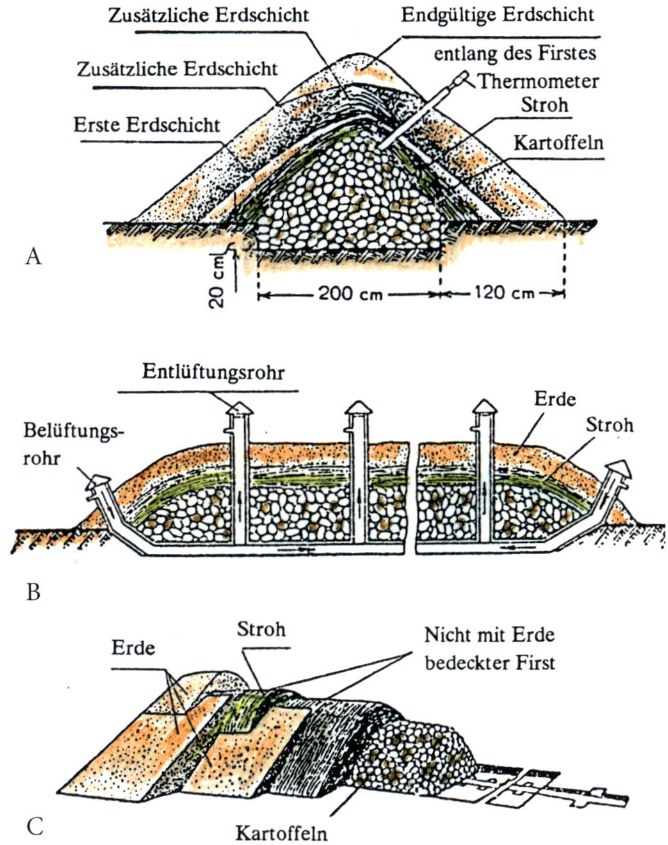

2.12
A) Querschnitt einer Kartoffelmiete ohne Ventilation,
B) Längsschnitt einer Miete mit Be- und Entlüftungsrohren,
C) Allmähliche Abdeckung der Miete mit Boden- und Firstventilation
Quelle (5)

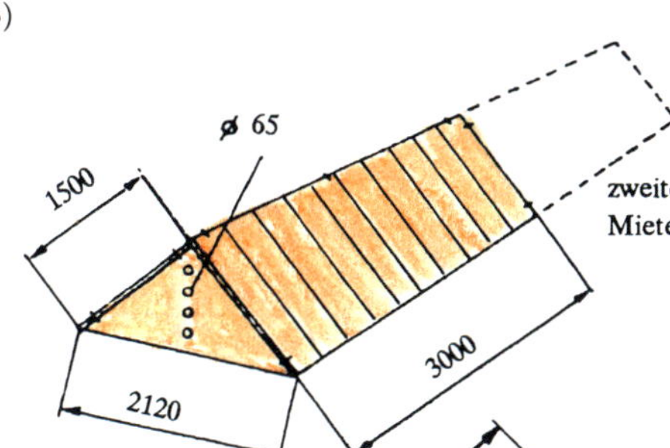

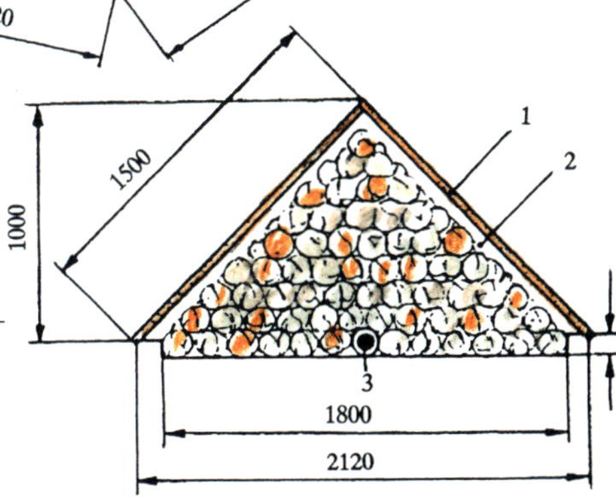

2.13
Technische Miete (Maße in mm).
Quelle (4)
1 - Seitenplatten 60 mm
2 - Mindestzwischenraum 50 mm
3 - Belüftungskanal, Dränagerohr, 65 mm NW

Im Erwerbsgartenbau werden oft zum Schutz gegen Mäuse vergiftete Weizenkörner z.B. in den Belüftungsrohren der Mieten ausgelegt. Besser ist, die Freiland-Vorratslager nach allen Seiten mit engmaschigem Draht abzudichten, um Nagetiere fern zu halten. Auch das Abdekken mit Laub von Nussbäumen soll zur Verhinderung von Mäusefraß geeignet sein.

Der Vorteil der Stroh-Erd-Mieten liegt in einer sehr guten Qualitäts- und Vitaminerhaltung des Lagergutes bei richtiger Durchführung, nachteilig ist sicherlich der hohe Aufwand an Handarbeit.
Im Erwerbsgartenbau werden deshalb mitunter auch sogenannte technische Mieten eingesetzt. Bei diesen Mieten wird die Wärmedämmschicht aus 5 cm starken Holzlattenrahmen gebildet, die beidseitig mit Kunststoffolie bespannt sind und dazwischen mit Steinwolle oder einem anderen Isolationsmaterial gefüllt werden (Abb. 2.13). Die Miete wird über einer 10 cm tiefen Mulde erstellt, indem die beiden Seitenwände dachförmig über den Giebelseiten gegeneinandergestellt und mit Metallhalterungen miteinander verbunden werden. Die Vorteile der technischen Miete im Vergleich zur erd- und strohbedeckten Miete liegen im geringeren Arbeitsaufwand, nachteilig ist ihr höherer Investitionsaufwand und Schwierigkeiten bei der Regulierung der Luftfeuchtigkeit bei längeren Belüftungspausen (Frostwetter).

Internet-Fundstücke – ohne Gewähr

Aufbewahrung in Truhen aus Styropor

„Für Produkte, die eine hohe Luftfeuchtigkeit erfordern – oder ohne Schaden vertragen – stellen Styroporkisten recht gute Lagerungsmöglicheiten dar (Karotten, Knollensellerie, Randen, Rüben). Die Kisten sind an kühle Plätze wie Balkone, Winden usw. zu stellen. Kleine Lüftungslöcher sind notwendig, und bei ernsthaften Frösten ist für zusätzliche Abdeckung zu sorgen. Da Früchte eine tiefere Luftfeuchte benötigen, sollte hier das Innere mit trocknenden Auskleidungen (Papiere) versehen werden."

Aus: www.agroscope.admin.ch

Erfahrung mit Erdmieten

„... die Hälfte der Ernte von Kartoffeln, Rüben, Möhren und Roten Beten habe ich in einer Miete ebenerdig, mit Stroh und Erde abgedeckt überwintert, die andere Hälfte im Keller. Jetzt kann ich mit Gewissheit sagen, dass sich eine Miete lohnt. Alles ist frisch, wie gerade geerntet. Im Gegensatz zur Kellerlagerung, bei der es wie in jedem Jahr Probleme durch zu trockene Luft und Wärme gibt. Dieses Jahr kommt alles in die Miete." *Gerhard*

Aus: Google Groups

Aufbewahrung in einer Regentonne

„Wir hatten mal eine Regentonne mit 300 l Inhalt in den Boden eingegraben, unten Sand (ca. 50 cm) eingefüllt. Darin wurde das Gemüse so eingelagert, dass immer in jeder Lage von allem was zu erreichen war. Der Rand der Tonne schloss mit dem Erdreich ab. Der Deckel wurde aus einer Baustahlmatte gebogen und mit Hasendraht bespannt, so dass keine Mäuse eindringen konnten. Über alles hat mein Mann so eine Art Frühbeetkonstruktion gebaut mit schrägem Dach aus Gitterfolie auf Holzrahmen, Ein sehr dicker Sack mit Heu diente als Isolationsschicht. Jede Woche wurde der ungefähre Wochenbedarf entnommen. Allerdings lag mein Mann dabei auf dem Boden, damit er runterkam zum Gemüse. Das Gemüse war wie frisch geerntet. Viele Jahre diente die Miete. Nur in einem Jahr war ein Schneesturm, der Treibschnee eindringen ließ, der dann schmolz. Alles war kaputt. Das hätte man verhindern können durch einen festeren Verschlag aus Brettern in Windrichtung. Hatte sich also bewährt. Aber da ich wegen Bandscheibenschäden die Gemüseproduktion aufgegeben hatte, gruben wir das Fass aus und es steht noch heute als Regenfass in Gebrauch." *Kristina*

Aus: www.krautundrueben.de

Aufbewahrung in ausgedientem Dampfentsafter oder einem großen Eimer mit Deckel

„1. In den ausgedienten Dampfentsafter oder Eimer dicht unter der Oberkante kleine Löcher im Abstand von ca. 10 cm bohren, die das Innere belüften.
2. Den Entsafter/Eimer an einer geschützten Stelle im Garten eingraben, und zwar genau bis zur Lochreihe
3. Im Entsafter/Eimer kann sich Kondenswasser bilden. Daher auf den Boden einen umgedrehten Blumenuntersetzer legen.
4. Schweres Gemüse nach unten legen, das verhindert unnötige Druckstellen. Dann mit gut schließendem, fest aufliegendem Deckel verschließen.
5. Damit das Gemüse bis weit in den Winter hinein frisch bleibt, den Entsafter/Eimer unbedingt mit Schilfrohrmatten oder Strohballen zudecken, sobald Minusgrade angesagt sind."

Aus: www.selbst.de

Aufbewahren im Sand

„Im Sand im Keller einlagern ist ganz einfach. In eine Kiste eine Schicht Sand, eine Schicht Gemüse, dann wieder Sand. Es eignet sich gut grauer Flusssand ohne Tonanteil. Oben muss mit Sand abgeschlossen werden. Die Oberfläche befeuchte ich immer mit dem Sprenger, aber nie zu nass. Karotten, Sellerie, Petersilienwurzeln, Chicoréewurzeln vor dem Treiben, Winterrettiche, Meerrettich, Rote Rüben bleiben so schön frisch. Alles Einlagern lohnt sich bei großem Garten und viel Verbrauch. Du hast zwar Arbeit damit, aber im Winter immer schnell etwas Gesundes zu Hause. Ich habe immer viel Spass dabei. *Helga*

Aus: www.krautundrueben.de

Aufbewahren in einer Tiefkühltruhe

„Erdmieten haben vor allem den Nachteil, dass Mäuse hineinkommen. Ich habe gute Erfahrungen mit einer ausgedienten Tiefkühltruhe in einem Schuppen gemacht. Ich hatte bis Ostern Äpfel (nur bestimmte Sorte). Auch Kartoffeln, Möhren, Rote Bete, Sellerie u.a. halten sich in so einem Teil. Deckel einen Spalt breit offen lassen. Man kann auch ein Erdloch graben (etwa 1 -1,5 Meter tief), in das man eine Kiste hinablässt. Darin kann man kurzzeitig alles lagern, was sonst ins Gemüsefach des Kühlschranks gehört. In der Praxis habe ich ein solches Erdloch aber nur auf einem Campingplatz ohne Strom (DDR) erlebt."

Jobul

Aus: www.gutefrage.net

Überwintern von Gemüse in Erdmieten

„Haben bei uns die Bauern früher immer gemacht: Etwa 50 cm tief auskoffern, so ca. 5 m breit und so lang, wie man es braucht. Dann werden die Kartoffeln reingeschüttet, in der Mitte vielleicht so 1,5 m hoch. Dann kommen etwa 50 cm Stroh darüber und noch etwa 30 cm Erde. Das hält ganz schön Frost aus. Und wenn man Pech hat, kommen in einer kalten Nacht die Wildschweine, brechen die Miete an einem Ende auf, fressen ein paar Zentner und die restlichen 400 Dezitonnen erfrieren". *Hannes*

Aus: Google Groups

Waschmaschinen-Trommel eingraben

„Bei Böden, die im Winter sehr zu Staunässe neigen, ist es sinnvoller, statt Waschmaschinen-Trommeln Mülltonnen oder alte Einkochtöpfe einzugraben – in denen regulierst Du nämlich den Wasserhaushalt selbst. Wir haben 2004 experimentell mal so eine Trommel eingegraben. Wir wollten die künftig für Wurzelgemüse einsetzen, die im nächsten Sommer Samen abwerfen sollen. In unserem lehmigen Boden ist die Trommel trotz wasserdichter Abdeckung oberhalb und der optimalen Lage auf einer leichten Anhöhe von den Seiten her vollgelaufen. ... Ganz offensichtlich haben wir schon im obersten Bodenbereich genug Oberflächenwasser. .. So stellt sich für mich leider heraus, dass die Trommeln nicht für alle Gärten und Böden geeignet sind." *Bernhard*

Aus: Google Groups

Erdkeller aus Betonteilen

„Ein Erdkeller kann aus vorgefertigten Betonteilen, z.B. aus Betonringen, selbst gebaut werden. Eine Grube wird ausgehoben, die Tiefe sollte mindestens ein Drittel des gewählten Ringdurchmessers haben, die Länge richtet sich der Zahl der Ringe, die hintereinander gesetzt werden. Das Ganze liegt auf einem Kiesbett, das zur (späteren) Tür hin ein leichtes Gefälle hat. Der hintere Teil des Zylinders wird mit einem Betonelement abgedeckt, das ebenfalls im Baustoffhandel erhältlich ist. In die vordere Öffnung des Zylinders wird eine Tür eingepasst und darüber ein Vordach angebracht. Die ausgehobene Erde wird auf dem Betonkörper verteilt, so dass er überall bedeckt ist."

Nach: www.bio-gaertner.de

Erdkammern und Gemüsehütten

In Erdkammern lagern die Gartenfrüchte in 40 bis 100 cm tiefen Gruben mit senkrechten oder abgeschrägten Wänden. Die Erdkammer wird am besten ringsherum mit Maschendraht gegen das Eindringen von Nagetieren gesichert, bevor das Lagergut z.B. in Kisten eingebracht wird, es sei denn, sie ist dicht mit Holz oder Steinen ausgekleidet.

Im Vergleich zu oberirdisch angelegten Mieten erwärmen sich die Erdkammern auch in südlicheren Ländern im Frühjahr weniger schnell, in kälteren Gegenden wird obendrein der Frost abgehalten. Eine Lagerung unter der Erde ist jedoch bei hohem Grundwasserstand und in sehr niederschlagsreichen Gegenden nicht sinnvoll.

Erdkammern werden auf leichten Sandböden mit nach außen abgeschrägten Wänden errichtet, auf Lehmböden mit senkrechten Wänden. Eine dauerhaftere Lösung besteht darin, die Erdwände durch das Auskleiden mit Ziegeln, Steinen, Schalbrettern oder Stangen vor dem Einstürzen zu schützen (Abb. 2.15, 2.16, 2.17).

Neben Gemüse eignen sich auch die lagerfähigen härteren und festfleischigen Apfelsorten [9] für eine Überwinterung in Mieten (siehe Abb. 2.14) und Erdkammern. Durch die klimatischen Gegebenheiten in den Feldkellern können sie ihr pflückfrisches Aussehen und ihren aromatischen Geschmack bis zum Frühjahr aufrechterhalten.

Nach dem Ernten werden die Gartenfrüchte zunächst für 2 bis 3 Wochen an einem kühlen und luftigen, vor Witterungseinflüssen geschützten Ort (luftiger Schuppen, Scheune o.ä.) in Kisten oder Horden gestapelt und lose mit Stroh bedeckt. In dieser Zeit kommt der Reifungsprozess im Obst langsam zur Ruhe, wobei eine beträchtliche Menge an Atmungswärme abgegeben wird und dabei Zellwasser verdunstet. Danach werden die Äpfel nochmals durchgesehen und alle angefaulten oder irgendwie verletzten Früchte aussortiert. Nun kann das Obst entweder lose zwischen Dämmschichten oder bequemer gleich in Kisten 60 bis 80 cm hoch eingelagert werden. Dabei wird die Erdkammer zum Schutz vor Mäusen zuerst mit engmaschigem

2.14
Querschnitt durch eine Obstmiete. Quelle (3)

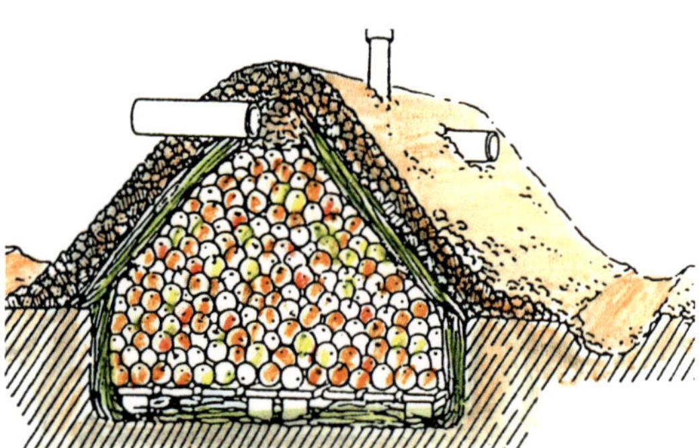

2.15
Erdkammer mit Natursteinwänden. Quelle (16)

Drahtgeflecht ausgekleidet. Zur Vermeidung von Staunässe stehen die Obstkisten in den Erdkammern am besten auf Holzrosten.
Um die Kisten herum und bei empfindlicheren Apfelsorten auch eventuell zwischen den Apfellagen wurde früher Torfmull eingestreut. Aus ökologischen Gründen sollte heute besser Farnkraut, getrocknetes Laub, Rindenmulch oder Nadelholzreisig benutzt werden. Stroh ist erfahrungsgemäß nicht so gut geeignet, da dieses durch die Feuchtigkeit leicht muffig wird und das Obst geschmacklich beeinflusst. Als obere Abdeckung wird ebenfalls Nadelholzreisig, Laub, Farnkraut usw. verwendet. Darauf schichtet man, wie bei anderen Mieten auch, Laub, Stroh und Erde. Statt der Erde kann auch eine dachförmige Abdeckung aus Holz angebracht werden, so dass das Niederschlagswasser besser abfließen kann. Bei kleinen Erdkammern kann ein altes, schräg aufgesetztes Türblatt o.ä. genügen. Es empfiehlt sich, die Holzabdeckung außen mit Folie oder wasserundurchlässiger Pappe zu verkleiden.

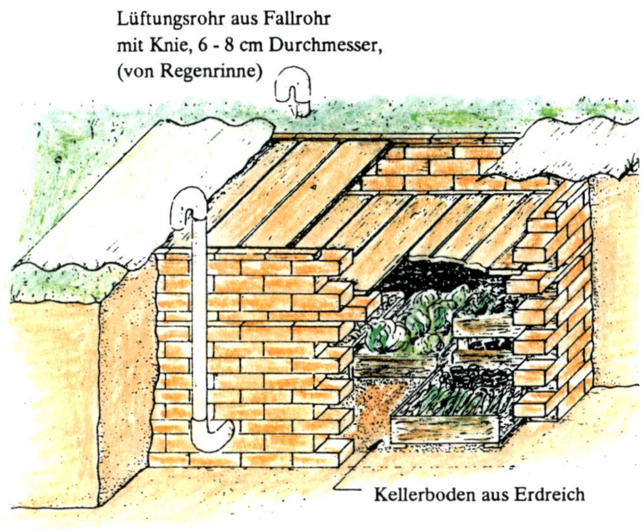

2.16: Gemauerte Erdkammer mit Be- und Entlüftung aus Regenwasser-Rohren. Quelle (18)

Zur Entlüftung der Erdkammer können vor dem Einbringen der Obstkisten vertikal, möglichst mittig, ein oder mehrere perforierte Rohre (ca. 10 cm Durchmesser) eingesetzt werden, die oben abgedeckt sein müssen, um das Eindringen von Niederschlagswasser zu vermeiden. Früher wurden aus zusammengenagelten Brettern 8 bis 10 cm breite Holzschächte zur Entlüftung in den Erdkammern aufgestellt.
Die Entlüftungsrohre oder Holzschächte ermöglichen es zugleich, die Temperatur in der Erdkammer zu kontrollieren. Dazu wird ein Thermometer an einem Draht befestigt und in die Entlüftungsöffnung eingelassen. Die Temperatur in den Erdkammern ist verhältnismäßig gleichmäßig, eine schnelle Abkühlung bzw. Erwärmung erfolgt nicht. Sinkt die Temperatur bei Frost im Inneren der Erdkammer auf +1 bis +2°C, so wird der Entlüftungskanal mit Strohbüscheln verschlossen und die Erdkammer mit zusätzlichen Schichten Laub oder Stroh und Erde abgedeckt. Wird die Erdkammer im Frühjahr entleert oder wird zwischendurch ein größerer Vorrat entnommen, so sollten die

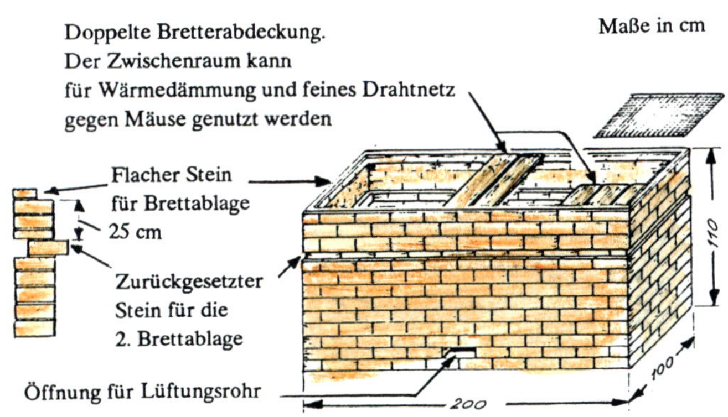

2.17
Baudetails der gemauerten Erdkammer.

Äpfel bis zum Verbrauch an einem kühlen, möglichst dunklen und nicht trockenen Raum aufbewahrt werden.

Ebenfalls recht gute Lagerbedingungen lassen sich durch *Gemüsehütten* schaffen (Abb. 2.18). Sie können folgendermaßen hergestellt werden: An einem trockenen, erhöhten Platz wird das Erdreich in einer Breite von ca. 2 m etwa 80 cm bis 1 m tief ausgeschachtet. Dann werden die Wände der Grube mit etwa 1,5 m hohen Brettern abgestützt, um den Raum zu erhöhen (von außen wird seitlich später Erde angeschüttet). Nun wird eine Dachkonstruktion aus Holzbalken, z.B. aus Rundhölzern, errichtet und die Dachfläche mit Brettern oder Wellblech verkleidet. Obenauf kommen Laub oder Stroh und Erde, seitlich wird, wie schon erwähnt, die ausgegrabene Erde angesetzt. Eine bessere Wasserdichtigkeit wird erreicht, wenn auf den Brettern zuerst Dachpappe befestigt wird und darauf dann Erde, Laub oder Stroh, und als äußere Abdeckung wieder Erde gehäuft werden. Es ist ratsam, eine stabile Konstruktion zu errichten, denn durch die Bedeckung mit Erde (Grassoden wären auch möglich) kommt Einiges an Gewicht zusammen. Auch die Giebelwände werden mit Brettern verkleidet und wärmegedämmt. Die Eingangsöffnung in Form eines Schlupfloches, das mit Stroh oder dergl. verstopft ist, wird zweckmäßig nach Norden gelegt, um eine Erwärmung, besonders im Frühjahr, zu vermeiden.
Die dauerhafte Ausführung einer Gemüsehütte zeigt z.B. die Konstruktion der »Wulfsoder Grabenmiete«, einer Großmiete zur Kartoffellagerung (Abb. 2.19). Sie kann als Dauermiete jedes Jahr benutzt werden. Die Lüftung erfolgt zum Einen in der Mietenmitte durch den dreieckigen Rost aus Drahtnetz oder Holzlatten, zum Anderen sind an den Seiten der Miete Lochsteine angebracht. Die Miete wird vertieft im Boden angelegt, der in diesem Fall betoniert ist. Nach der Kartoffeleinlagerung wird die Miete an den Stirnseiten durch Holzgestelle mit Stroh geschlossen. Die Dachkonstruktion der Gemüsehütte wird oben mit mindestens 30 cm verdichtetem Stroh und mit einer etwa 5 cm starken Erdschicht abgedeckt, wobei der First frei von Erde bleibt. Denn hier sammelt sich ein Großteil der Wärme und Feuchtigkeit, die so ungehindert entweichen kann. Als Wetterschutz können z.B. dachförmig zusammengenagelte Bretter darüber-

2.18
Gemüse-Erdhütte.
Quelle (15)

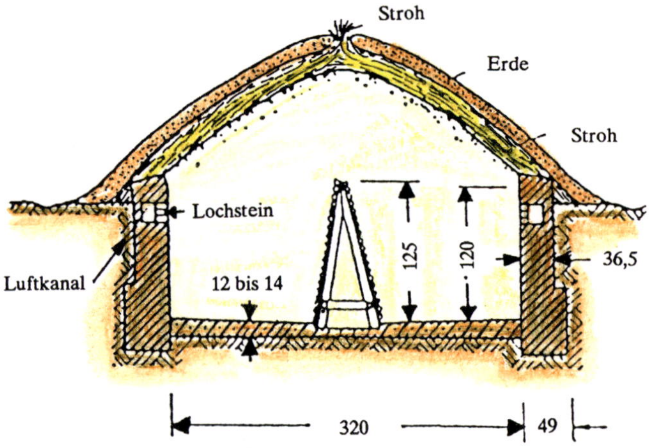

2.19 *unten*
Querschnitt durch die Wulfsoder Grabenmiete.
Quelle (14)

gelegt werden. Nur bei sehr starkem Frost wird auch der First vorübergehend geschlossen und mit zusätzlicher Wärmedämmung versehen. Der Hauptluftkanal in der Mitte und die Lochsteine in den massiven Seitenwänden werden ebenfalls erst bei Frost mit Stroh abgedichtet. Diese Keller zur Aufbewahrung von Bier, Wein, Fleisch, Gemüse und Obst wurden aus Holz, Bruchsteinen oder Ziegeln gebaut, zuweilen auch nur aus Erde. Das Mauerwerk war meist mit Moos verfugt, da Moos reichlich vorhanden war, der übliche Kalkmörtel in der Feuchtigkeit des Kellers nicht fest werden würde und hydraulischer Mörtel oder Zement zu teuer war.

Eiskeller

Die Eiskeller wurden bevorzugt in einer Anhöhe gebaut, ansonsten behalf man sich damit, die Keller ebenerdig anzulegen, dick mit Erde zu überschütten und mit schattenspendendem Buschwerk zu bepflanzen. Der Eingang der Keller, mit doppelten Türen, lag im Norden und war mit Bäumen und Buschwerk umgeben. Es wurde darauf geachtet, die Keller nur früh am Morgen oder spät am Abend zu betreten und die eine Tür geschlossen zu haben, bevor die andere geöffnet wurde, um nicht unnötig Wärme in den Vorratskeller zu bringen. Um viel Volumen bei wenig Oberfläche zu erhalten, hatten

Torfkeller

Grundriss und Schnitt eines Torfkellers, eine Baukonstruktion aus dem 18. Jahrhundert, die als Alternative vorgeschlagen wurde, wenn die Höhe des Grundwasserspiegels keinen Kellerbau in der Erde zuließ. In einer Tiefe von 60 bis 80 cm wurden kreisförmig große Feldsteine angeordnet, und die Fugen mit kleinen Steinen gut verfüllt. In den Innenraum dieses ringförmigen Fundamentes wurde zur Wärmedämmung Torf eingebracht und auf die Fundamentsteine ein achteckiger hölzener Kasten als Vorratslager gesetzt (Durchmesser ca. 2,5 m, lichte Höhe ca. 3 m). Die Schwellhölzer des Raumes, die auf dem Fundament aufliegen, waren aus Eiche gefertigt, alles übrige Holz bestand aus Kiefer. Auf der Nordseite erhielt der hölzerne Vorratskeller einen 3 m langen, ca. 1,5 m breiten und hohen Zugang mit drei doppelflügeligen Türen. Der hölzerne Kasten und der Gang wurden anschließend an den Seiten und oben mit einer ca. 1,2 m (!) dicken Torfschicht wärmegedämmt. Die Torfstücke schichtete man dabei sorgfältig im Verband auf, wobei Torfgrus, mit Wasser verdünnt, als Mörtel diente. Auf diese Torfschichten wurde Erde ca. 90 cm dick aufgeschüttet und gut verdichtet. Auf die Erdschicht wurden Grassoden aufgelegt und darauf schnellwachsendes und möglichst viel schattengebendes Buschwerk gepflanzt.

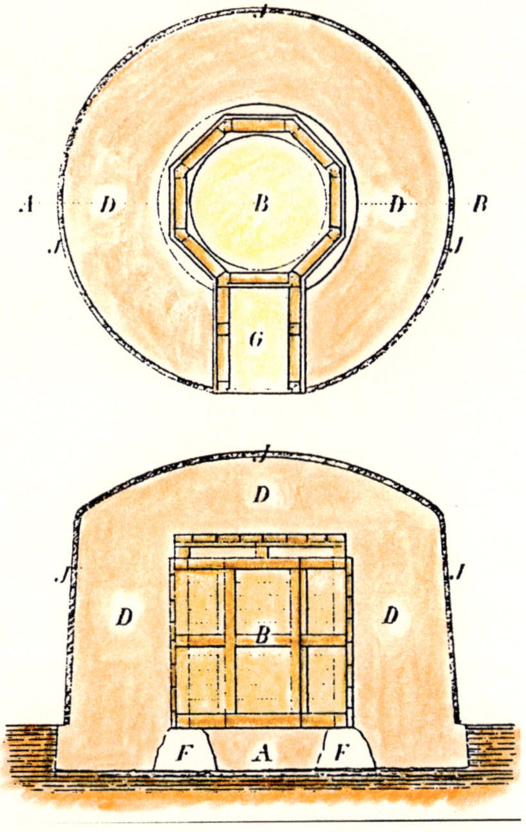

Exkurs in die Vergangenheit: Kühlen mit Eis und Schnee

Eismieten sind auch heute noch in Klimagebieten gebräuchlich, in denen im Winter Eis in großen Mengen zur Verfügung steht. Diese Mieten, angelegt auf einem erhöhten Platz in Nord-Südrichtung, werden für die Lagerung von wenig empfindlichem Gemüse wie z.B. Kopfkohl genutzt. Als Fundament dient eine Schicht festgestampften Schnees, auf der die Kohlköpfe pyramidenförmig etwa 1 m hoch angehäuft werden. Jede Kohlschicht ist mit Schnee bepackt, der festgedrückt wird. Die erste Hüllschicht bildet 50 bis 100 cm festgekneteter Schnee, darauf kommt eine 70 bis 100 cm dicke Isolierschicht aus Stroh, Kartoffelkraut, Schilf usw. (Abb. 2.20). Bei anhaltendem Tauwetter wird die ganze Miete auf einmal ausgeräumt.

2.20: Das Einlagern von Kohl in eine Schneemiete. Quelle (5)

2.21: Eiskeller mit darüber liegendem Gartenpavillion. Quelle (19)

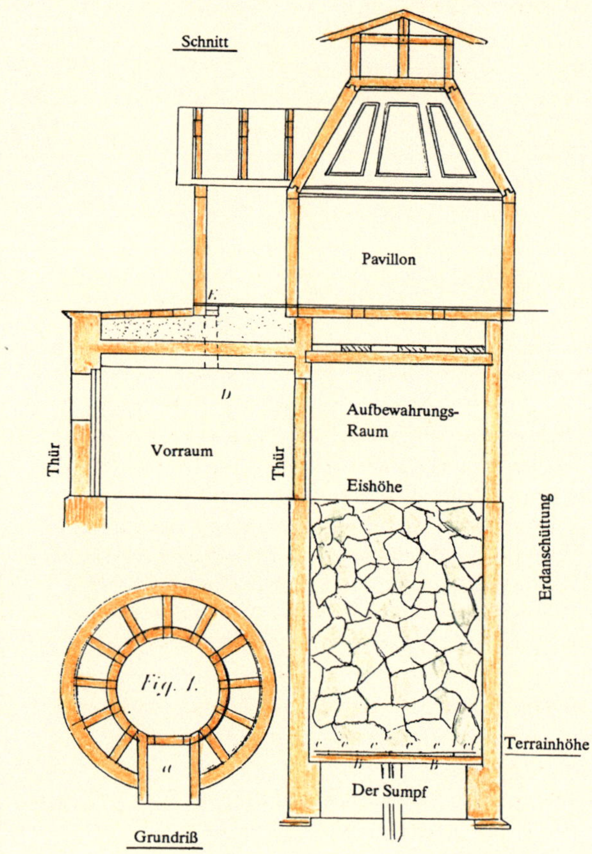

Eiskeller (Abb. 2.21) waren früher in Deutschland nicht nur im gewerblichen Bereich z.B. für die Bierherstellung und -lagerung üblich, sondern auch für die private Vorratslagerung. Das dafür nötige Eis erhielt man aus im Winter zugefrorenen Wasserstellen oder durch Vereisung von Wasser mittels Kältemaschinen.

die Keller oftmals die Form eines Kegels oder Zylinders. Um den Eisbehälter herum wurde dick mit Stroh, Tannennadeln, Holzspänen, Asche, Flachsschober, Torf, Erde etc. isoliert. Unten in der Eisgrube war eine Senkgrube angelegt, die meist mit einem Abfluss versehen wurde, damit das Eis nicht mit dem geschmolzenen Wasser in Berührung kam. Auf ein Rost aus starken Holzbohlen kam eine Hand hoch Stroh und darauf wurde dann das Eis in Schichten gelegt. Zwischen die etwa 15 cm hohen Eisschichten streute man Kochsalz, denn das Kochsalz ließ die Eisoberflächen etwas schmelzen, so dass es möglich war, durch Feststampfen der Schichten letztlich einen großen, verdichteten Eisklumpen zu erhalten, der die ganze Grube ausfüllte. Falls kein Eis zu bekommen war, nahm man Schnee (schneelose Winter waren damals noch kein Thema!), den man ebenfalls in ca 15 cm dicken Schichten einbrachte, dazwischen jeweils etwa 25 Pfund Salz einstreute und 12 Eimer Wasser darauf goss, alles feststampfte und dies so lange wiederholte, bis die Grube voll war. Im Frühjahr, wenn die frostfreien Tage kamen, wurde die Eisgrube oben mit einer ca. 60 cm dikken Strohschicht vor Erwärmung geschützt. Die Nahrungsmittel hingen entweder in dem Luftraum über der Eisgrube oder wurden bevorzugt, weil besser, in größere Holzkästen gelegt, die in das Eis eingelassen waren.

Abb. 2.21 zeigt einen Eiskeller aus der Zeit vor 1848, über den, wie es häufig der Fall war, ein Gartenpavillon gebaut wurde. Der Eisbehälter selbst hat eine Höhe von ca. 4 m, einen Durchmesser von etwa 3,6 m und eine Wandstärke um 40 cm. Der Aufbewahrungsraum ist bis zur Dekke 2,5 m hoch, über seiner Holzbalkendecke befindet sich ein Luftraum, der mit Häcksel, Torf usw. zur Isolierung angefüllt wurde.

Praktisch oder gruselig?

„Viele alte Blockhäuser in Schweden sind nicht unterkellert. Stattdessen hat man auf dem Grundstück einen Gewölbekeller aus Natursteinen in einen Erdhügel gebaut. Der „Jordkällare“, also Erdkeller, hat im Winter keine Minusgrade und bleibt im Sommer zwischen 5 und 15°C recht kühl. Über dem Steingewölbe ist Erde und darüber liegt nochmal ein Dach, damit keine Feuchtigkeit eindringt. Idealerweise stehen um den Erdkeller einige Bäume, die im Sommer Schatten spenden, so bleibt er noch kühler. Unseren Erdkeller betritt man durch eine einfache, kleine Holzpforte. Dann ist man in der Temperaturschleuse. Durch eine weitere Tür gelangt man in den eigentlichen Gewölbekeller. Er ist nicht sehr groß, aber bietet Platz, um die Ernte einzulagern. Er ist sicher nicht so bequem wie eine Tiefkühltruhe. Aber seine Energiebilanz ist unschlagbar. Mit den richtigen Lagertechniken überbrückt man die Saure-Gurken-Zeit. Zum Beispiel lassen sich Äpfel lange aufbewahren, wenn man sie in nur einer Lage auf Farnblättern bettet.

Frühe Lagerkeller in Brandenburg

Lagerkeller im Landkreis Havelland / Brandenburg. Alle Fotos dieser Seite: Norbert Heintze

Lagerkeller im Landkreis Barnim / Brandenburg.

Keller im Landkreis Märkisch-Oderland / Brandenburg.

Lagerkeller im Landkreis Teltow-Fläming / Brandenburg.

„Schon frühzeitig wurde der Erdboden mit seiner konstanten Temperatur als Lagerraum für empfindliche Lebensmittel wie Obst und Gemüse genutzt. Neben Kellern für Obst und Gemüse gab es auch Keller für Futterrüben oder leicht brennbare Flüssigkeiten, wie beispielsweise Petroleum.

Im Bundesland Brandenburg sind noch viele dieser alten Keller zu finden, auf alten Bauernhöfen oder Gutshäusern. Bei der Lage der Keller musste sichergestellt sein, dass der Boden ausreichend über dem höchsten Grundwasserspiegel lag und dass versickerndes Regenwasser nicht eindringen konnte. Im Gegensatz zu den Eiskellern war eine Isolierung gegen die Bodenwärme nicht erforderlich. Wichtig war auch eine gute Be- und Entlüftung und der Schutz vor Ungeziefer wie Mäusen oder Ratten.

Ein häufig noch vorhandener Typ ist der unterirdische Keller, der sich im flachen Gelände befindet. Er besitzt ein kleines Zugangsbauwerk, in dem eine steile Treppe oder Leiter nach unten führt. Er eignet sich deshalb nicht für schwere oder sperrige Güter, da alles über die Kellertreppe hinunter getragen werden musste. Die Kellerdecke konnte als Tonnengewölbe ausgebildet sein. Größere Keller wurden auch mit den sogenannten Preußischen Kappen abgedeckt. Hierbei bilden mehrere parallele Stahlträger die Widerlager für flache Tonnengewölbe (Kappen). Die Kappen bestehen aus Ziegelsteinen oder Beton.

Wesentlich einfacher war der Bau der übererdeten Keller. Bei diesem Bautyp hat man sich darauf beschränkt, den Keller nur halb in den Boden einzulassen. Anschließend wurde das Mauerwerk errichtet und der Keller mit dem Erdaushub der Baugrube abgedeckt. Wenn der Kellerboden nur noch einen Meter unter der Geländeoberkante liegt, ist der Zugang zum Keller mit einer kleinen Rampe möglich. In hügeligen Gegenden konnte der Keller in Hanglage errichtet werden. Erfolgte der Zugang ebenerdig oder über eine flache Rampe, konnte man mit Hilfe einer Schubkarre schwerste Lasten einlagern, wie gefüllte Fässer oder große Kisten.“

In Baruth / Brandenburg sind um die alten Weinberge herum noch viele dieser erdbedeckten Weinkeller zu finden.

3 Hauskeller und massive Freilandkeller

Hauskeller und massive Freilandkeller sind für die Lagerung von Obst und Gemüse weitaus komfortabler als die Freilandmieten und Erdkammern, die gewöhnlich jedes Jahr neu errichtet werden müssen.
Um niedrige Temperaturen zu gewährleisten, sollten Hauskeller frei von inneren Wärmequellen wie z.B. schlecht isolierten Heizungssträngen usw. sein. Am besten werden Vorratskeller längs der Nordseite eines Gebäudes eingerichtet.
Keller, die nach Süden liegen, sind nicht geeignet, wenn z.B. die Sonne durch das Kellerfenster den Raum erwärmt oder wenn Wandflächen, die nicht in der Erde liegen, nur schlecht isoliert sind. Überhaupt müssen alle Flächen des Haus- oder Freilandkellers, die über den Erdboden herausragen, wärmegedämmt werden, nicht nur zum Schutz vor Erwärmung durch die Sonne, sondern auch, weil diese Bauteile frostgefährdet sind.

Temperaturen im Erdreich

In einem Bericht der Schriftenreihe des Bundesministers für Raumordnung, Bauwesen und Städtebau werden die Temperaturverhältnisse im Erdreich anschaulich beschrieben. Im Folgenden werden einige Aussagen aus diesem Forschungsauftrag wiedergegeben (22), da in dieser Hinsicht oftmals falsche Vorstellungen bestehen. So wurden in der vorgefundenen Literatur über Vorratskeller manchmal die Temperaturen schon in geringer Bodentiefe als niedrig und vor allem als gleichbleibend angenommen, was nicht stimmt.

Die Temperatur des Erdreichs bis zu etwa 20 m Tiefe wird fast ausschließlich durch die klimatischen Verhältnisse an der Erdoberfläche bestimmt. Erst dann bewirkt die Wärme aus dem Erdinneren in Abständen von

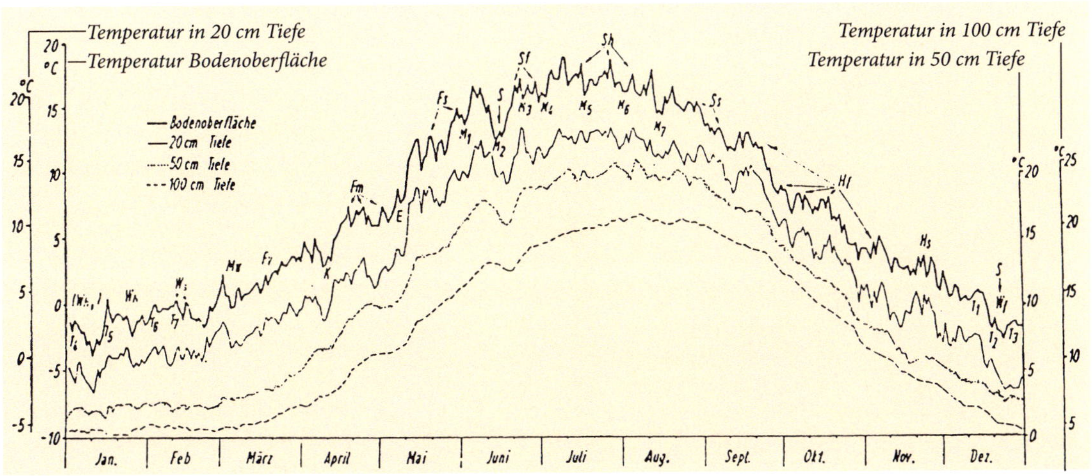

3.1
Zehnjährige Tagesmitteltemperaturen zu Quedlinburg in verschiedener Bodentiefe.
Quelle (31)

ca. 30 m eine Erhöhung der Erdreichtemperatur um 1°C. Die mittlere Erdreichtemperatur in einer Tiefe von ca. 20 m entspricht deshalb in etwa der jeweiligen mittleren Jahrestemperatur des Klimas an der Oberfläche, die in Deutschland zwischen +8°C und +11°C liegt. Zur Oberfläche hin wird die Erdreichtemperatur in zunehmendem Maße von den jahreszeitlichen und täglichen Schwankungen des Klimas beeinflusst (Abb. 3.1).

Die Weitergabe der täglichen Temperaturschwankungen an der Erdoberfläche wird dabei abhängig von der Art des Bodens mit zunehmender Tiefe verzögert und die Schwankungsbreite der Temperaturen vermindert. Während bei leichtem, trockenem Sandboden die täglichen Temperaturschwankungen erst in einer Tiefe von ca. 50 cm abklingen, ist dies bei den wesentlich feuchteren und schwereren Moorböden schon in einer Tiefe von ca. 20 cm der Fall (Abb. 3.2).

Die jährlichen Temperaturschwankungen im Erdreich sind in Abb. 3.3 dargestellt. Aus dieser Abbildung ist auch gut zu ersehen, dass der Temperaturverlauf im Erdreich phasenverschoben ist, d.h. je tiefer sich ein Keller im Erdreich befindet, desto zeitverzögerter ist der Einfluss des Oberflächenklimas auf die Temperatur des erdberührten Bauteils. Im Winter ist es also im Vergleich zur Außentemperatur (verhältnismäßig) warm im Keller, im Sommer kühl.

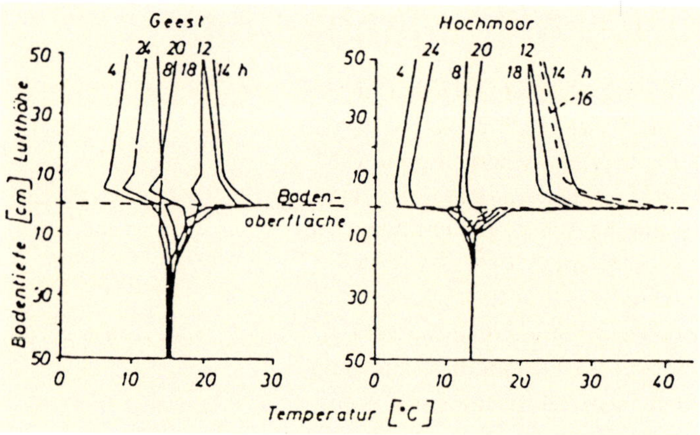

3.2: Linien gleichzeitiger Boden- und Lufttemperatur in und über einem Sandboden und einem Hochmoorboden in Norddeutschland bei einer Hochdruckwetterlage im August. Quelle (31)

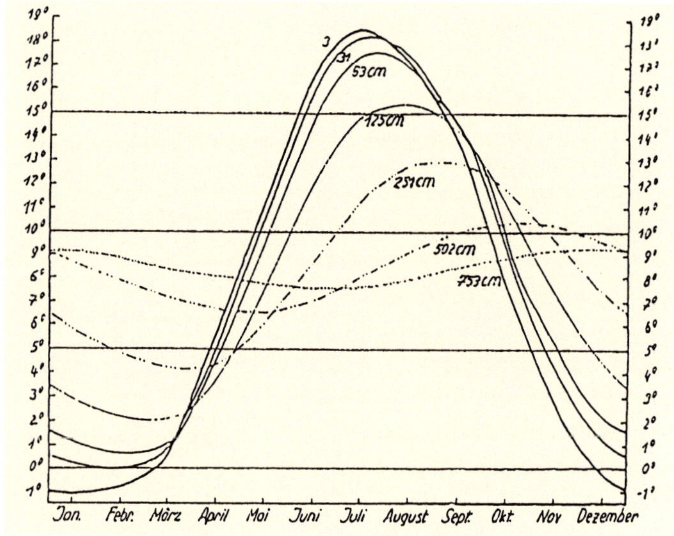

3.3: Jahresgang der Bodentemperatur zu Königsberg. Quelle (31)

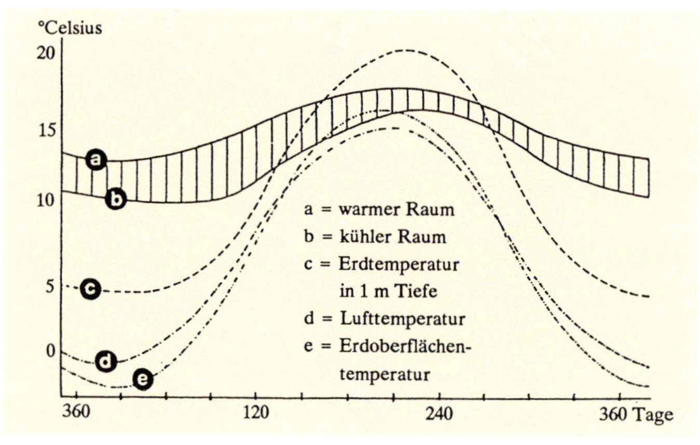

3.4
Jahresverlauf der Raumlufttemperaturen von unbeheizten Räumen mit erdberührten Außenflächen. Quelle (31)

Temperaturen in unbeheizten Kellerräumen

Wie aus Abb. 3.3 zu ersehen ist, schwanken die Erdreichtemperaturen in der für Keller relevanten Tiefe von ca. 2,50 m im Jahresverlauf nicht unerheblich - nämlich zwischen ca. +4°C im März/April und ca. +13°C im August/September. Im folgenden Abschnitt sind einige weitere Aussagen aus der oben angegebenen Studie wiedergegeben:

Die Raumtemperaturen unbeheizter Keller sind nicht so einfach festzulegen. Die Temperaturen sind davon abhängig, aus welchen Materialien die Keller gebaut sind und wie tief sie in der Erde liegen, aber auch, ob angrenzende Räume beheizt werden usw. Allgemein lässt sich sagen, dass die Raumtemperatur nicht beheizter Kellerräume je nach Anteil der beheizten angrenzenden Räume, dem Anteil der vom Erdreich bzw. der Aussenluft begrenzten Oberflächen und dem Grad der Wärmedämmung dieser Flächen zwischen Werten von ca. +10°C bis 18°C schwanken.
Im Rahmen einer Dissertation (27) wurde z.B. für unbeheizte, nur über die darüber liegenden Räume erwärmte Kellerräume (U-Wert der Deckenkonstruktion 1,43 W/m²K) für den Winter (Dezember bis Februar) Lufttemperaturen um 11°C berechnet und für Keller mit beheizten Nachbarräumen im Januar 13,5°C gemessen (Abb. 3.4).
Bei sehr guter Dämmung der Keller*decke* wird die Lufttemperatur im Keller etwa die Temperatur des angrenzenden Erdreichs erreichen; im umgekehrten Fall bei starker Dämmung der Keller*wände* und des Keller*bodens* wird sich die Lufttemperatur des Kellers der Temperatur der (geheizten) Erdgeschossräume angleichen.

Wie vertragen sich solche Messergebnisse nun mit der Forderung, in Vorratskellern sollte die Lufttemperatur möglichst ständig unter 10°C liegen?

Messungen, durchgeführt in verschiedenen Kellern im Raum Stuttgart (28), ergaben folgendes: »... In einem Altbau mit gemauertem, tief liegendem Lehmkeller (Abb. 3.6) wurden im Winter Temperaturen bis +5°C, im Sommer durchschnittlich

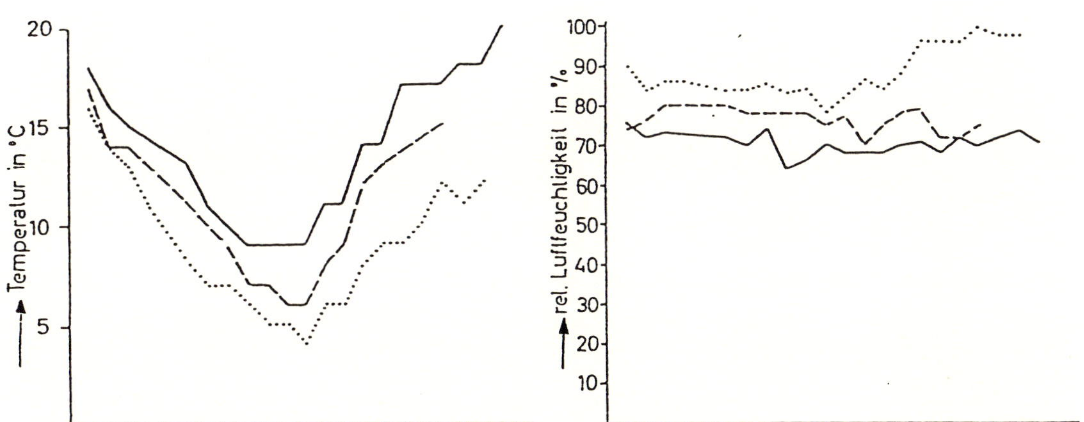

3.5
Temperatur und relative Luftfeuchtigkeit in verschiedenen Kellern.

----- höher gelegener Keller, Lehmboden (Stadthaushalt)

----- höher gelegener Keller, betonierter Boden (Stadthaushalt)

..... tiefgemauerter Keller, Lehmboden (Landhaushalt)

Quelle (28)

+10°C, und nur von Juni bis August Temperaturen um 12°C gemessen. Dagegen waren die Temperaturen in etwas höher liegenden, betonierten bzw. mit Lehmboden versehenen Kellern in neueren Stadthäusern wesentlich größeren Schwankungen unterworfen (Abb. 3.5). Hier konnten im Winter wohl auch 5°C, im Sommer dagegen bis zu 18°C gemessen werden. Die relative Luftfeuchtigkeit betrug im tiefliegenden Lehmkeller nahezu unverändert 90%, sie fiel in den Wintermonaten etwas unter 90% und lag in den Sommermonaten manchmal bei 92 bis 93%. In betonierten Kellern war die Luftfeuchtigkeit dagegen jeweils ca. 10% niedriger (im Winter bei 65%).«

Das bedeutet, dass der Bodenaufbau (versiegelter oder feuchtigkeitsdurchlässiger Boden), die Wand- und Deckenkonstruktion und die Umgebung des Kellers (geheizte Nebenräume usw.) neben der Tiefe des Kellers im Erdreich sehr entscheidend für seine Eignung als Vorratskeller ist. Wobei im Vergleich zur Kellerdecke und zu den Kellerwänden die Temperatur des Fußbodens die am wenigsten vom Außenklima beeinflussten Schwankungen aufweist.

3.6
Unterschiedliche bauliche Ausbildung von Kellern zur Erzielung unterschiedlicher Luftfeuchtigkeiten.
Quelle (32)

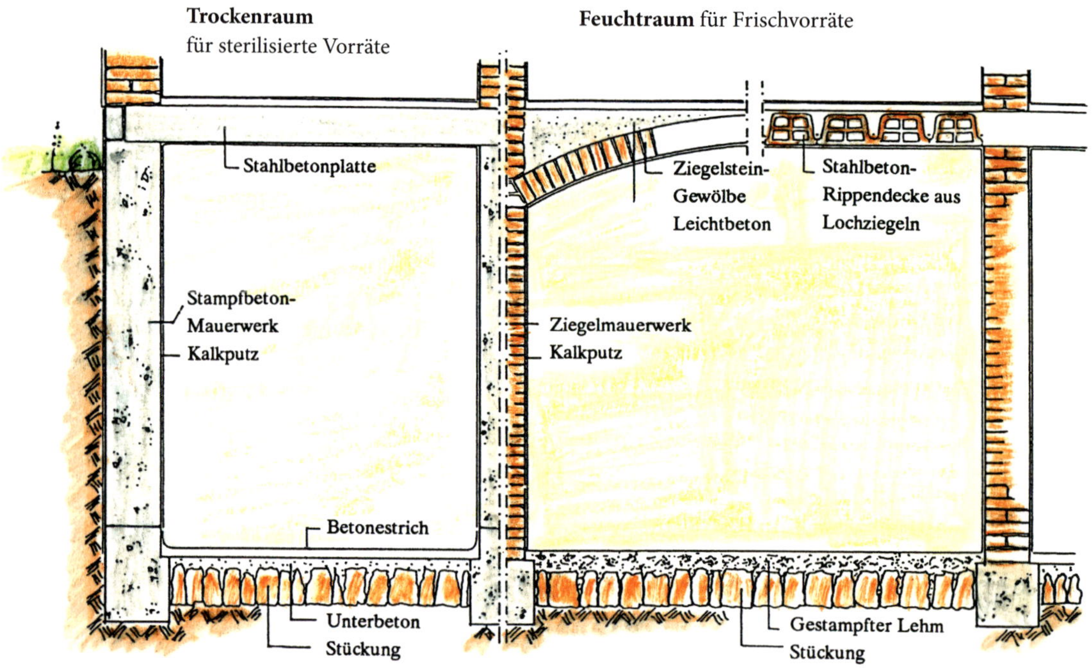

Materialien und Bauteile

Im folgenden Kapitel werden Baumaterialien und Baukonstruktionen vorgestellt, die geeignet sind, um im Naturkeller ein gutes Lagerklima zu erzielen. Dazu vorab einige grundsätzliche Hinweise:

- *Baumaterialien*
  Im Wesentlichen werden nur die Materialien behandelt, die ökologisch vertretbar sind bzw. zu denen es bisher noch keine umweltfreundlichere Alternative gibt.
- *Baukonstruktionen*
  Unabhängig von der Nutzung eines Kellers müssen die Tragfähigkeit der Kellerwände und der Gründung garantiert sein, da sie die Standsicherheit des Gebäudes gewährleisten. Die Kelleraußenwände müssen zudem dem seitlichen Erddruck standhalten.
- *Baugrube*
  Um bei der Errichtung eines Kellers späteren Ärger zu vermeiden, ist es ratsam, sich vor dem Ausheben der Baugrube genaue Informationen über die Beschaffenheit des Bodens (siehe S. 36) und die Höhe des Grundwasserspiegels zu besorgen. Weiterhin ist zu klären, ob sich Ver- und Entsorgungsleitungen wie z.B. Wasser- und Abwasser- oder Gasleitungen im Erdreich befinden. Beim Ausschachten der Erde sollte der wertvolle Mutterboden, also die oberste, bis zu 40 cm dicke, humose Schicht, getrennt gelagert werden, um die darin befindlichen Bodenlebewesen zu erhalten. Die Baugrube wird durch Abböschung gegen Einstürzen gesichert, der Böschungswinkel sollte bei leichten Böden (Sand, Kies) etwa 45°, bei schwereren Böden ca. 60° betragen. Um zur Erstellung der in der Grube liegenden Bauteile genügend Bewegungsfreiraum zu haben, wird zudem ein Arbeitsraum von mindestens 50 cm eingeplant (Abb. 3.7).
- *Fundament*
  Die Fundamente eines Baues sollten immer in frostsicherer Tiefe liegen (d.h. 0,8 bis 1,2 m unter Geländeoberfläche). Dies ist bei Kellergeschossen in der Regel automatisch gegeben. Untergeordnete Nebengebäude wie Garagen usw. werden zuweilen auch auf nicht frostsicher gegründete Fundamentplatten gesetzt (Abb. 3.8). Nimmt man ein gewisses Schadensrisiko in Kauf, so vereinfacht die flache Gründung natürlich die Arbeit nicht unerheblich, vor allem wenn ein kleiner Freilandkeller z.B. wegen eines hohen Grundwasserspiegels nur zum Teil in der Erde liegen soll. Im Hinblick auf eine gute Kühlung sind größere Tiefen allerdings wünschenswert.

3.7
Arbeitsraum bei abgeböschter Baugrube.
Quelle (33)

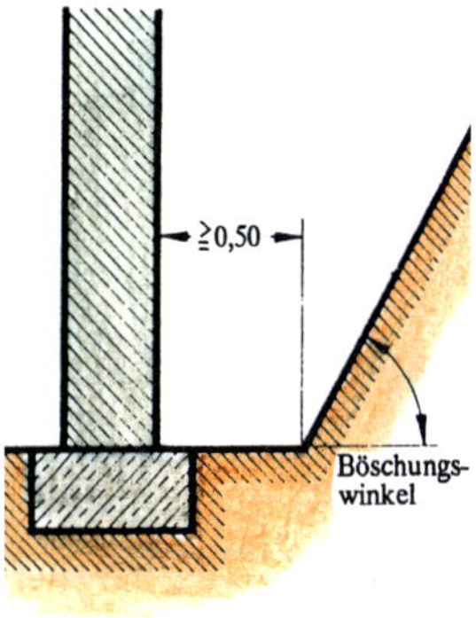

3.8: Frostsicher und nicht frostsicher gegründete Fundamentplatte.
Quelle (24)

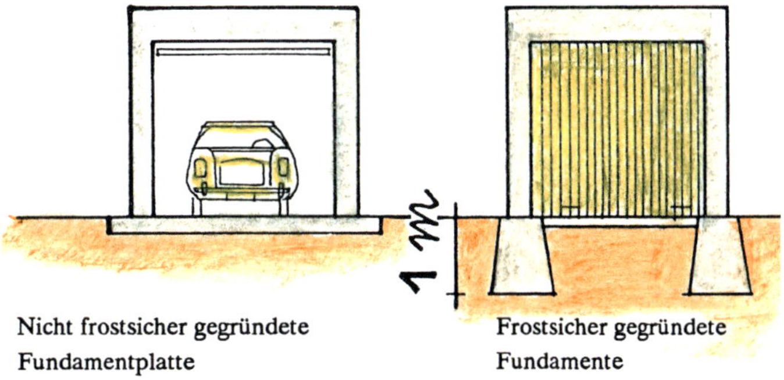

Feuchtigkeitsschutz erdberührter Bauteile

Bauteile im Erdreich sind verschiedenen Feuchtigkeitseinwirkungen ausgesetzt (Abb. 3.9). Je mehr die Bauteile im Erdreich von Feuchtigkeitseinwirkungen beansprucht werden, desto aufwendiger muss ihre Abdichtung sein. Prinzipiell lassen sich folgende Beanspruchungsgruppen unterscheiden:

- Bodenfeuchtigkeit und nichtstauendes Sickerwasser
- kurzzeitig in geringen Mengen stauendes Sickerwasser
- langanhaltend in größeren Mengen sich stauendes Sickerwasser
- Grundwasser

Die Boden- und Wasserverhältnisse am künftigen Standort des Kellers zu kennen, ist also notwendig. Amtliche Informationen über Grundwasserstände und Bodenqualitäten können über das zuständige Bauamt oder über das staatliche Amt für Wasserwirtschaft erfahren werden. So wird sich herausstellen, ob *nichtbindige Böden* (Kies, und Sand) oder *bindige Böden* (Ton, Lehm, Mergel) vorliegen.

Nur bei nichtbindigen Böden sind die Bauteile im Erdreich durch Stauwasser ungefährdet, da hier das Niederschlagwasser senkrecht versickern kann (Abb. 3.10). Bei den häufiger anzutreffendenbindigen Böden und bei Hanglagen muss immer angenommen werden, dass sich zumindest kurzzeitig Wasser an den erdberührten Bauteilen staut (Abb. 3.11). Hier ist in jedem Fall eine Dränage (siehe unten) erforderlich.

Bei Beanspruchungen durch langanhaltend in größeren Mengen stauendes Sickerwasser und bei hohem Grundwasserstand sollte der Bau eines tief in der Erde liegenden Naturkellers besser vergessen werden.

3.9
Abdichtungen gegen Bodenfeuchtigkeit. Quelle (33)

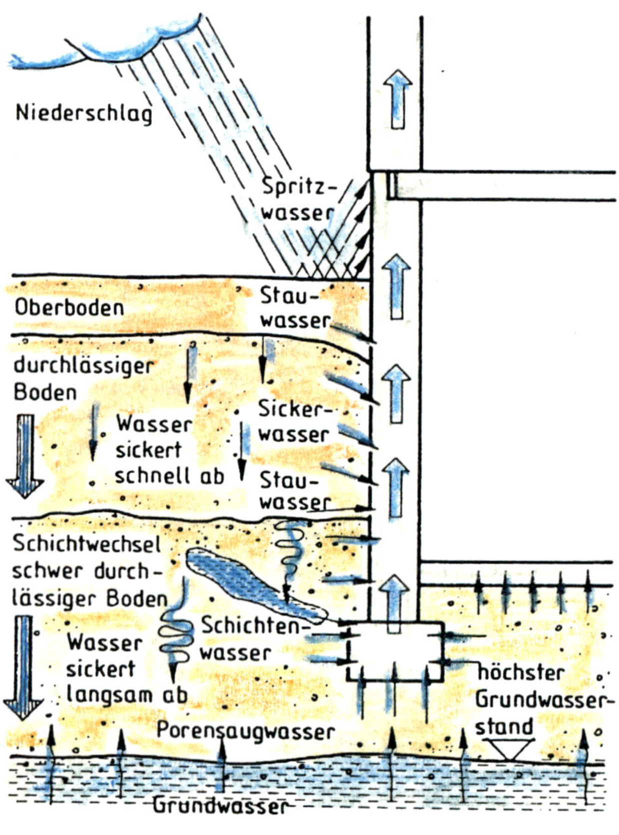

Horizontale und vertikale Feuchtigkeitssperre

Naturkeller sollen eine hohe Luftfeuchtigkeit haben. Dennoch müssen beim Kellerbau Vorkehrungen gegen das Eindringen von Feuchtigkeit getroffen werden. Geschieht dies nicht, sind bei *Hauskellern* auf Dauer schwerwiegende Schäden zu erwarten, insbesondere durch aufsteigende Feuchtigkeit in darüberliegende Wohngeschosse. Bei nicht überbauten *Freilandkellern* kann bei guten Bodenverhältnissen (kein hoher Grundwasserstand, kein Hangwasser) auf horizontale und vertikale Bauwerksabdichtungen verzichtet werden, nicht jedoch auf ein funktionsfähiges Dränagesystem.

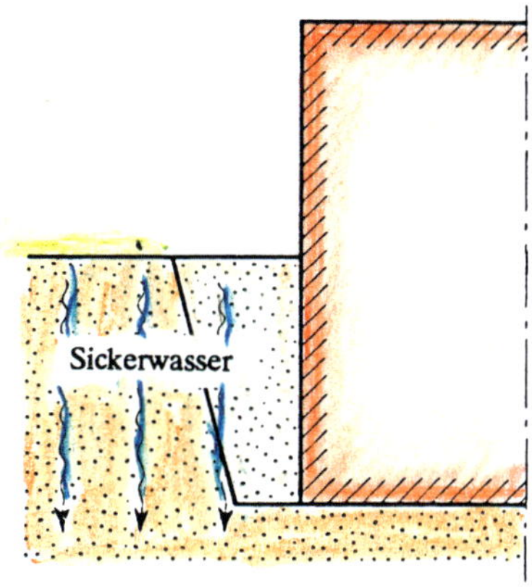

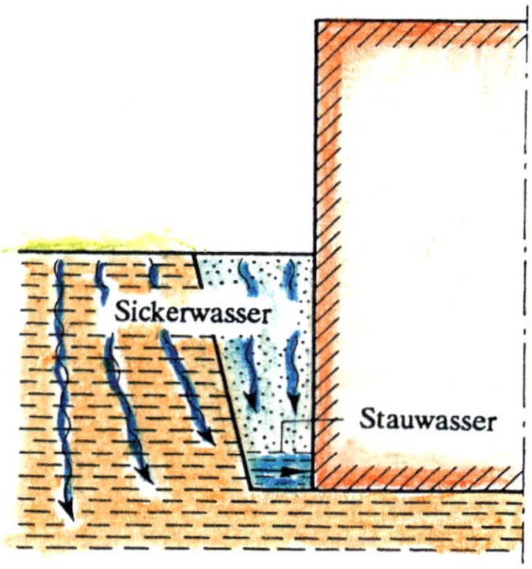

3.10
Versickerndes Wasser in nichtbindigem Boden. Quelle (35)

3.11
Stauwasserbildung vor der Kellerwand bei bindigem Boden.
Quelle (35)

Nur bei wirklich gut durchlässigen Böden wie Kies und Sand kann ggf. auch auf die Dränage verzichtet werden, sofern kein Grundwasser ansteht.

Die *senkrechte* Abdichtung der Kelleraußenwände gegen nichtdrückendes Wasser kann bei Ziegelmauerwerk z.B. mit einem 2 cm starkem, gut haftendem Ausgleichsputz der Gruppe III (ein Teil Zement, 3 bis 4 Anteile Sand) erfolgen, der alle Unebenheiten ausgleicht. Damit in die waagerecht verlaufende Arbeitsfuge zwischen Außenwand und Fundamentvorsprung kein Wasser eindringt, wird hier mit Sperrmörtel eine Hohlkehle gezogen. Auf diese Weise wird das andrängende Wasser nach unten abgeführt. Sperrmörtel ist ein Mörtel der Gruppe III, dem z.B. Wasserglas als Dichtungsmittel zugegeben wird. Zur Ausbildung der Hohlkehle ist als Werkzeug eine Flasche nützlich (Abb. 3.12). Nach Aufbringen des Putzes wird eine nur wenige Millimeter dicke mineralische Dichtungsschlämmschicht oder mehrmals eine bituminöse Dichtungsanstrichschicht aufgebracht (z.B. 4 x Steinkohleteerpechlösung oder Bitumenemulsion 3 x kalt). Dichtschlämmen und Bitumenan-

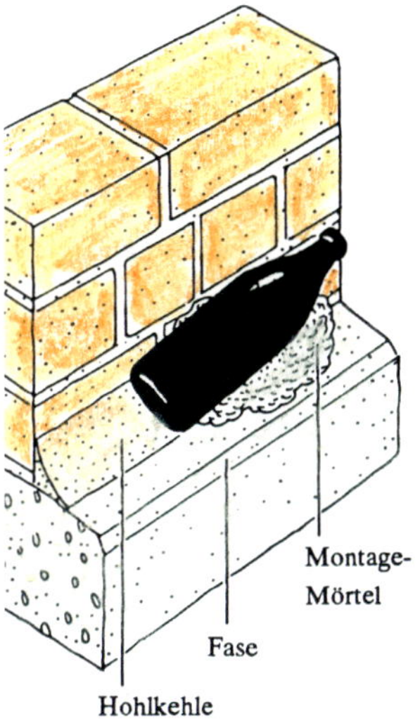

3.12
Anformen der Hohlkehle mit Hilfe einer Flasche.
Quelle (36)

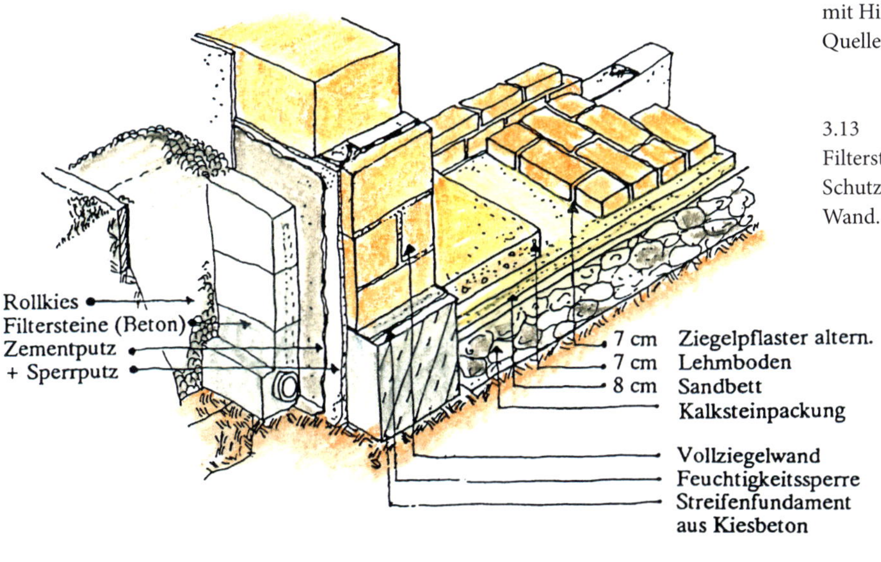

3.13
Filtersteine aus Beton zum Schutz der erdberührten Wand. Quelle (37)

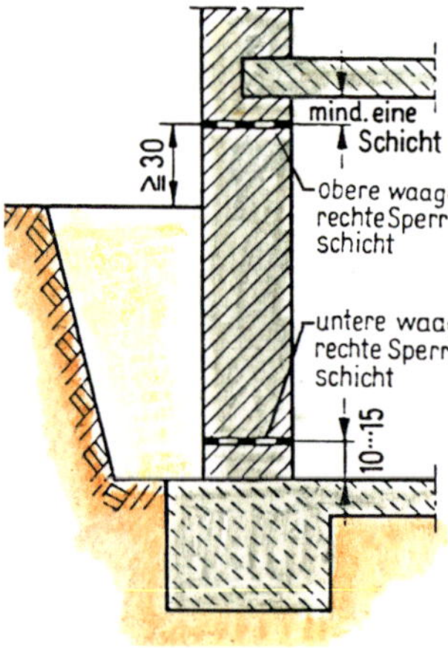

3.14
Lage der unteren und oberen waagerechten Sperrschicht.
Quelle (35)

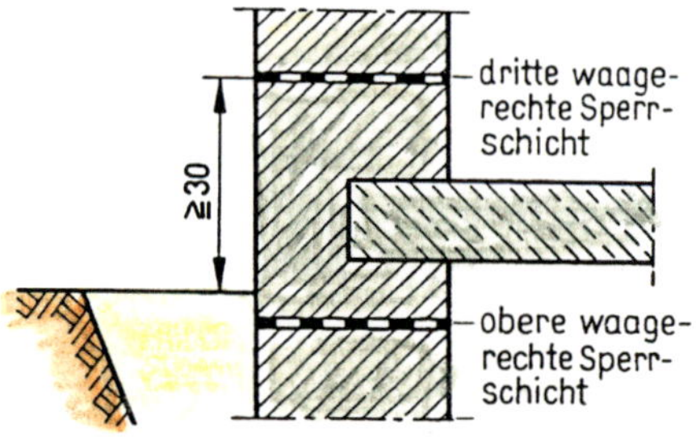

3.15
Dritte Sperrschicht in der Erdgeschosswand. Quelle (35)

striche sind zwar wasser- aber nicht dampfundurchlässig. So kann Wasserdampf aus dem dauerfeuchten Erdreich durch das Mauerwerk des Kellers hindurch diffundieren, an der Oberfläche der Innenwand verdunsten und dadurch das Bauteil kühl halten.
Zum Schutz der senkrechten Abdichtung vor mechanischer Beanspruchung und Beschädigung bei Verfüllarbeiten und auch, um einen raschen Wasserabfluss zu ermöglichen, ist es sinnvoll, z.B. Bitumenwellplatten oder – solider, aber teurer – Filtersteine aus Ton oder Beton lose vor die abgedichtete Wand zu stellen (Abb. 3.13).

Die *waagerechten* Abdichtungen in Wänden sollen den kapillaren Aufstieg des Wassers verhindern. Nach den Regeln der Baukunst sind bei Kellerwänden unter Aufenthaltsräumen mindestens zwei horizontale Abdichtungen vorzusehen, nämlich 10 bis 15 cm über dem Kellerfußboden und ca. 5 cm unterhalb der Kellerdecke bzw. 30 cm über der Geländeoberkante (Abb. 3.14). Eine dritte Sperrschicht ist nötig, wenn die Kellerdecke nur wenig über der Erdoberfläche liegt (Abb. 3.15).

Als Sperrschicht eignen sich beiderseits besandete Bitumen- oder Teerdachbahnen, deren raue Oberfläche eine gute Haftung am Lagerfugenmörtel ermöglicht. Die Dichtungsbahnen werden am besten zweilagig aufgebracht, mit versetzten Stößen (mindestens 10 cm lose Überlappung). Sie dürfen nicht durch Unebenheiten beschädigt werden oder hohl aufliegen, weshalb vor dem Verlegen die Mauerschicht mit Zementmörtel abgeglichen wird.

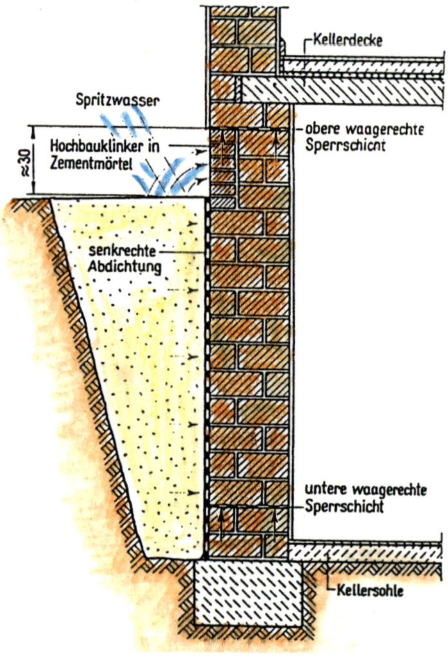

3.16
Schnitt durch eine Kelleraußenwand mit Sperrschichten.
Quelle (35)

Dränage

In jedem Falle wichtig sowohl für Haus- als auch für Freilandkeller ist schon bei *kurzzeitig stauendem Sickerwasser* eine wirksame Dränage. Denn bei lang anhaltenden Niederschlägen kann sich Wasser im Erdreich, vor allem im Bereich der verfüllten Baugrube, stauen und gegen die Kellerwand drücken. Eine Dränage sorgt dafür, dass das Wasser rings um die Fundamente möglichst schnell wieder abfließen kann (Abb. 3.17 und 3.18).

»Dränagen sollen jegliche Form der Stauwasserbildung vor Bauteilen vermeiden. Sie sind dann notwendig, wenn die Bauteile im Erdreich selbst nicht gegen eine Beanspruchung durch Stauwasser geschützt sind. Die Ringdränage, wichtigstes Funktionselement im Dränsystem, ist eine Rohrleitung, die in der Regel das gesamte Gebäude im Gründungsbereich lückenlos ringförmig umschließt und insbesondere das vor Bauteilen sich ansammelnde und stauende Wasser und ggf. das aus vertikalen Sickerschichten oder das aus Flächendränagen unter der Bodenplatte ihr zugeleitete Wasser aufnimmt und in stetigem Gefälle der Vorflut zuführt. Dieser bedeutsame Stellenwert steht der offensichtlich häufig bestehenden Vorstellung entgegen, dass jedes »irgendwie« in das Erdreich gelegte Rohr bereits eine funktionsfähige Dränleitung darstellt«. (23)

Dränrohre haben gewöhnlich einen Durchmesser von 80 oder 100 mm und werden als geschlitzte Kunststoffschläuche angeboten. Das Dränrohr darf mit seinem Scheitel an der höchsten Stelle nicht über der Oberkante des Fundamentes geführt werden und mit seinem Tiefpunkt nicht

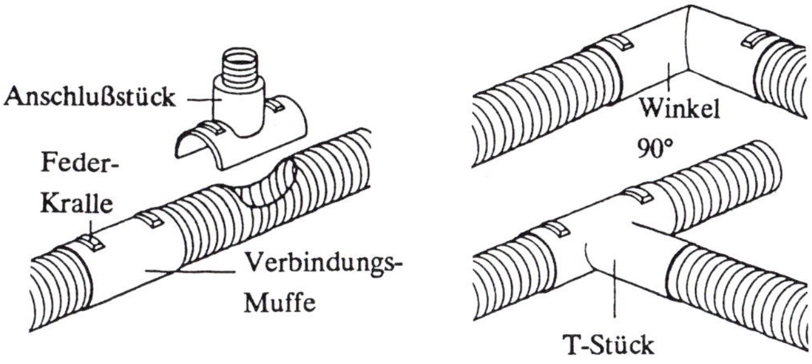

3.17: Verbindungen der Dränagerohre. Quelle (36)

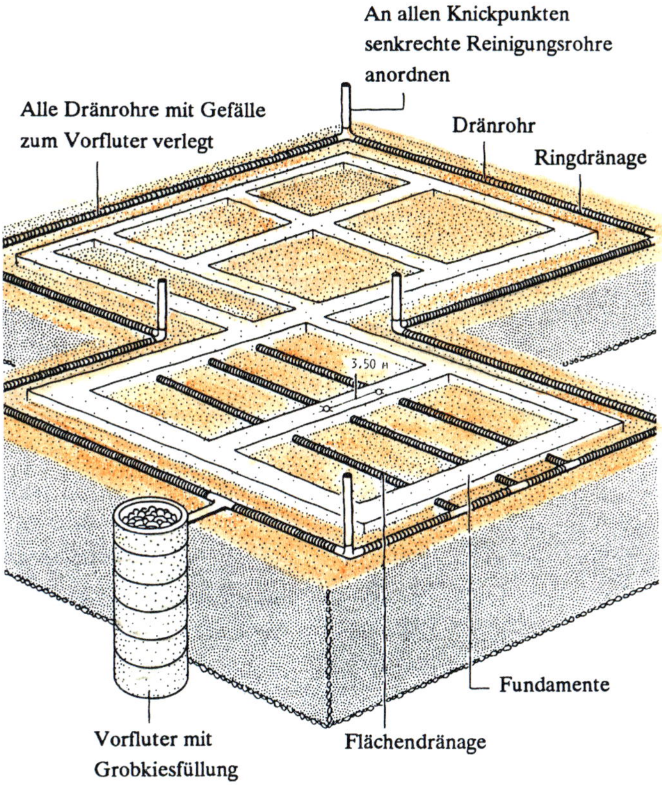

3.18: Dränagesystem. Quelle (36)

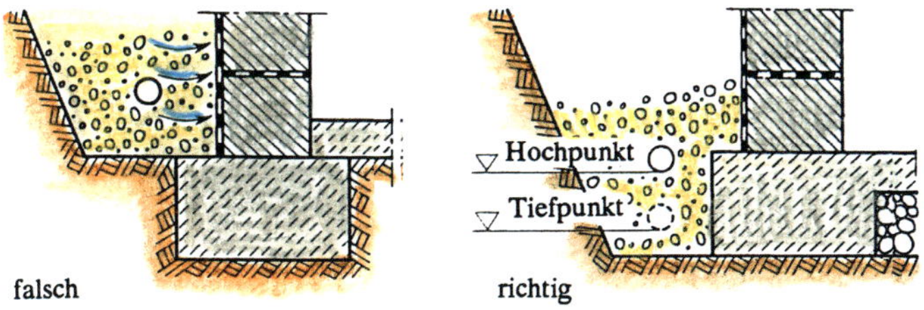

3.19: Höhenlage der Ringdränage und Sickerschicht. Quelle (35)

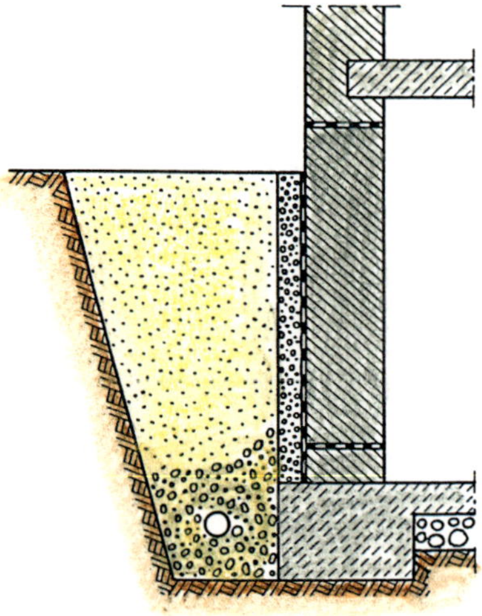

3.20
Schutz der Kellerwand gegen Stauwasser durch Ringdränage und Sickerschichten.
Quelle (35)

unterhalb des Fundamentes liegen, denn sonst könnte ja das Fundament unterspült werden (Abb. 3.19). An den Knickpunkten der Dränage – also an den Ecken – werden zur Kontrolle und Reinigung senkrechte Rohre eingebaut, deren obere Rohröffnung durch handelsübliche Abdeckkappen verschlossen werden. So kann das Dränagesystem mit einem Gartenschlauch durchgespült und eingeschwemmte Ablagerungen entfernt werden. Wichtig ist, dass das gesamte Dränsystem mit mindestens 1% Gefälle der Regenwasser-Kanalisation oder einem nicht zu nahe gelegenen Sickerschacht zugeleitet wird. Der Sickerschacht besteht aus Betonringen und hat Anschluss an das Sammelrohr der Dränageringleitung. Er wird mit einer Grobkiesschicht gefüllt, durch die das Dränagewasser in den Boden versickert. Ist ein Teich auf dem Grundstück vorhanden oder geplant, kann das Dränagesammelrohr natürlich auch in ihn münden.
Die Dränrohre werden allseits in eine filterstabile Sickerschicht aus Grobkies eingebettet (Abb. 3.20). Die Sickerschicht (Dränschicht) als wichtiger Teil des Dränsystems nimmt das im verfüllten Arbeitsraum anfallende Wasser flächig auf und führt es senkrecht nach unten dem Dränrohr zu. Wird nicht der gesamte Arbeitsraum bis zum Dränrohr mit wasserdurchlässigem Kies gefüllt, so sollte zumindest eine ca. 20 bis 35 cm dicke Kiesschicht vor der im Erdreich liegenden Außenwand hochgeführt werden. Damit bei sehr lockeren, sandigen oder tonigen Böden keine Bodenfeinteile durch die Grobkiespackung in die Dränleitung eingeschwemmt werden, ist es sinnvoll, um das Dränrohr zusätzlich eine Feinkiesschicht (Betonierkies, ggf. auch Ziegelsplitt) oder eine dünne Filtermatte aus Kunststoffvlies bzw. - besser - aus unverrottbarem Kokosrollfilz zu legen, die das Versanden der Rohre verhindern.

Außenwand

Für den Kellerbau sind nur bestimmte Baustoffe zulässig. So dürfen für die Außenwände des Kellergeschosses und des Sockels bis zu 50 cm über Erdgleiche nur Mauerwerk aus Steinen (Vollsteine, Hohlblocksteine, Lochsteine) mit Druckfestigkeiten = 10 N/mm² mit den Mörtelgruppen II, IIa oder III verwendet werden, soll nicht Beton zum Einsatz kommen.

Höhe des Erdreichs¹) 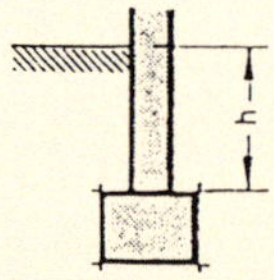	Mindestdicke der Kelleraußenwand
1,00 m — 1,35 m 1,40 m — 1,75 m 2,00 m — 2,50 m	24 cm 30 cm 36,5 cm

¹) Die erste Höhe ist bei Wänden mit einem Wandgewicht bis zu 50 kN/m nicht zu überschreiten.

3.21
Mindestdicken gemauerter Kelleraußenwände.
Quelle (33)

Erdberührte Kelleraußenwände müssen dem seitlichen Erddruck standhalten. Ist der Erddruck, der auf die Kelleraußenwände wirkt, gering, können die nach DIN 1053 angegebenen Mindestwanddicken für gemauerte Außenwände eingesetzt werden (Abb. 3.21).
Die heute üblichen Feuchtigkeitssperren zum Schutz der Außenwand werden erst seit Beginn des 20. Jahrhunderts eingesetzt. Früher waren die Kellerwände und das Sockelmauerwerk der Gebäude oftmals aus Natur- und Feldsteinen errichtet, im norddeutschen Raum und bei Stadthäusern auch aus Ziegelsteinen, die mit Kalkmörtel verfugt waren. Im Mauerwerk aufsteigende Bodenfeuchtigkeit wurde an angrenzende Räume weitergeleitet, bzw. im Sockelmauerwerk durch Verdunstung freigegeben. Die Diffusionsfähigkeit des Sockelmauerwerks und der Luftaustausch im Keller genügten wohl meist, um die Feuchteschäden nicht übermäßig groß werden zu lassen. Allerdings, und das ist der wichtige Punkt, wurde in der Regel bei

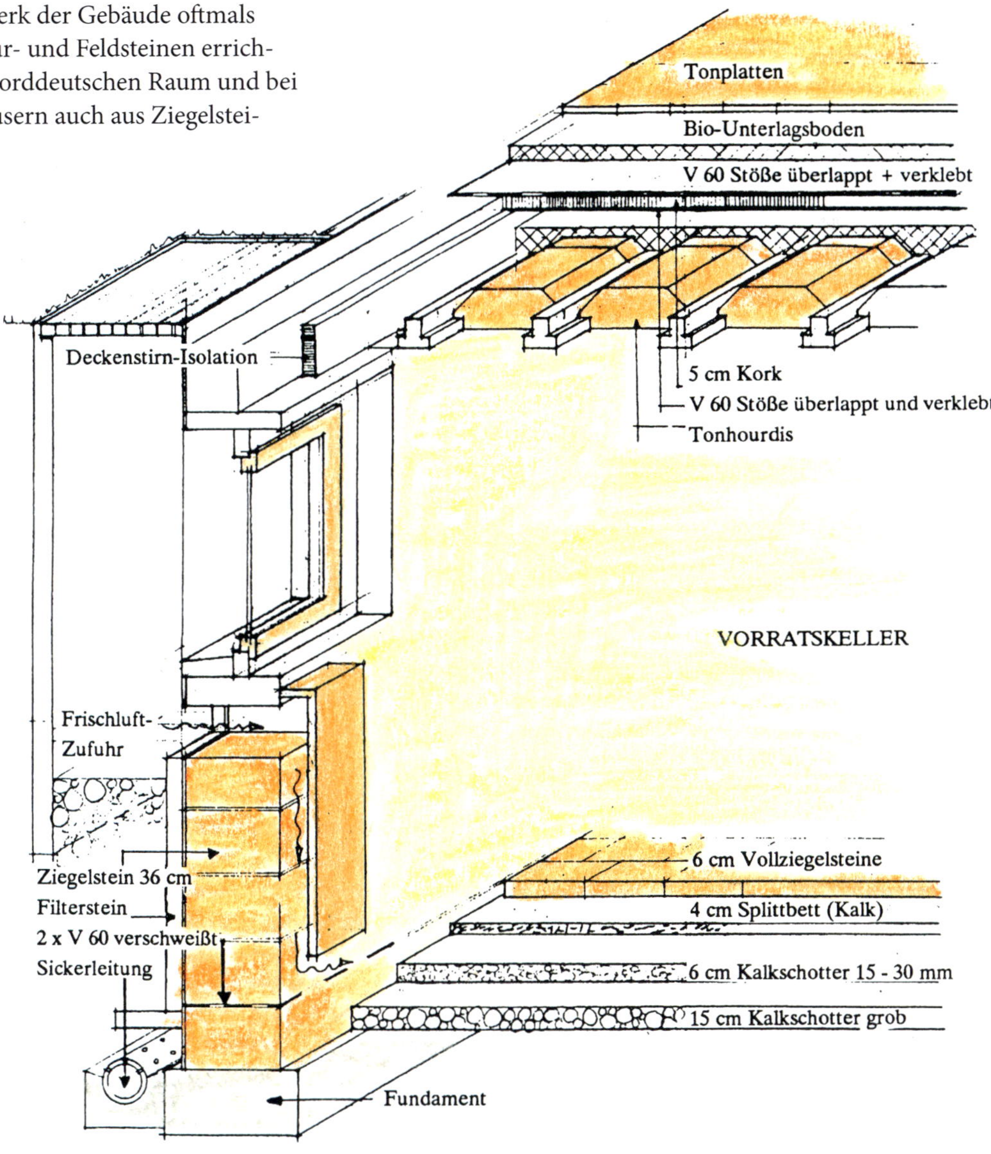

3.22
Konstruktion des Feuchtkellers in einem Wohn- und Geschäftshaus in der Schweiz, Baujahr 1983. Quelle (40)

problematischen Böden zum Einen auf einen Keller verzichtet und zum Anderen waren die Anforderungen an Kellerräume wie an ebenerdige Wirtschaftsräume weitaus geringer als es heute üblich ist. Die Wohnebene lag mindestens 1 m über dem Gelände und erdberührte Räume dienten gewöhnlich nur untergeordneten Zwecken. Heute soll das Kellergeschoss einen unbeheizten, dauerkühlen und feuchten Vorratsraum aufnehmen, daneben liegt vielleicht ein beheizbarer Hobbyraum, der trocken sein muss und die ebenfalls im Keller untergebrachte alte Zentralheizungsanlage mit schlechtem Wirkungsgrad sorgt zusätzlich für eine Erwärmung im Keller.

Bauphysikalisch ist es also wichtig, die an den Vorratskeller anschließenden Bauteile durch Trennschichten vor unerwünschter Feuchtigkeit zu schützen. Dies lässt sich z.B. erreichen, indem die Trennwände zweischalig errichtet werden, mit einer inneren Schale aus einem gut wasseraufnehmenden und -abgebenden Stein, z.B. aus Vollziegel (1.800 kg/m^3). So kann die kapillar eindringende Feuchtigkeit an der Wandinnenseite verdunsten und den Raum dadurch kühl halten. Dichtere Steine wie z.B. Kalksandstein oder Betonsteine sind hierfür weniger gut geeignet. Nach einem Versuch von *König* (24) war Ziegelstein in der Lage, innerhalb 1 Stunde 350 g (13%) Wasser aufzunehmen, Kalksandstein (gleiches Maß, jedoch höheres Gewicht) 270 g Wasser (7,4%) und Betonstein trotz größerem Volumen nur 90 g (2,4%). Abb. 3.22 zeigt den Aufbau des Feuchtkellers eines Wohnhauses in der Schweiz.

Kellerboden

Der Boden ist in der Regel diejenige Schicht, die dem Naturkeller seine erforderliche Feuchtigkeit zuführt. Bei einer der traditionellen Konstruktionen des Kellerbodens, d.h. bei einem Bodenaufbau ohne Abdichtungsmaßnahmen, konnte Wasser problemlos kapillar eindringen und dadurch maßgeblich zur Erhöhung der Luftfeuchtigkeit im Keller beitragen.

Möglicher Konstruktionsaufbau:

- Bleibt das Grundwasser mit Sicherheit deutlich unter dem Aushubniveau, und ist der Boden trocken, so kann einfach eine gestampfte Lehmschicht auf den gewachsenen Boden aufgebracht werden (Abb. 3.23 a).
  Die Qualität des gestampften Lehmbodens soll nach alten Erfahrungswerten durch Zugabe von Salz (es zieht das Wasser an) sowie von Rosmarin, Johanniskraut und Wacholder verbessert werden.
  Alternativ zu Lehm können auch Ziegelvollsteine als Flach- oder Rollschicht (Abb. 3.23 b, c, d) bzw. Steinplatten in Sandbett verlegt werden. Diese Bodenausfüh-

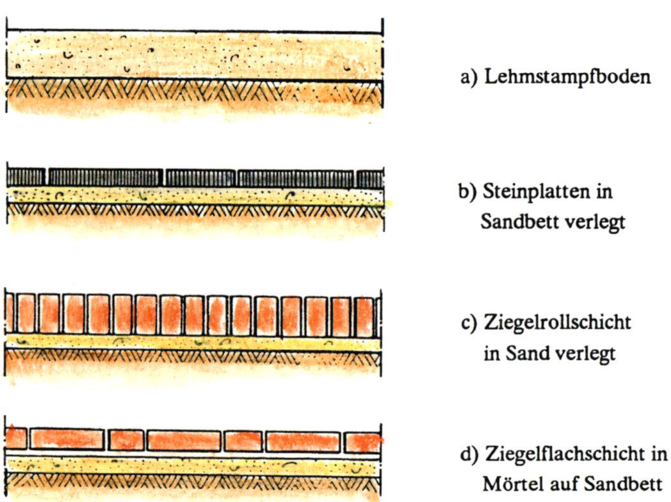

3.23
Günstige Fußbodenaufbauten für Feuchtkeller.
Quelle (41)

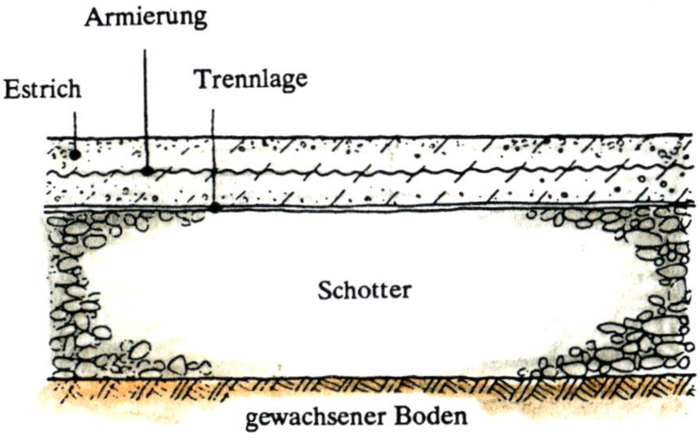

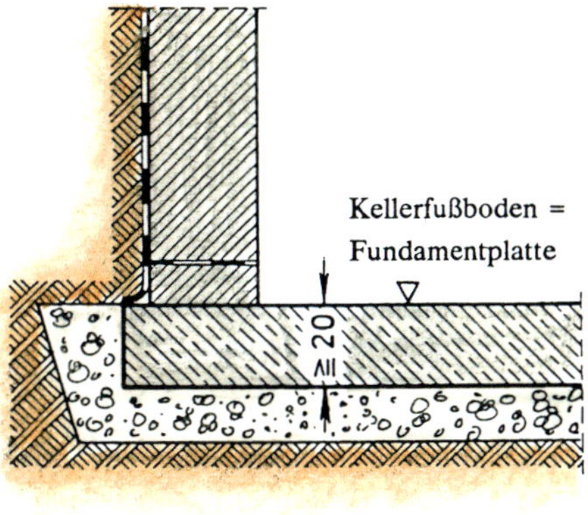

rung ist durchlässiger als der Lehmboden. Der Boden kann mit der Zeit ziemlich uneben werden, da er sich unterschiedlich setzt. Eine auf Dauer ebenere Bodenfläche wird erzielt, wenn die Ziegel statt in Sand in Mörtel verlegt sind.

- Ist der Grundwasserstand zwar mit Sicherheit deutlich unter dem Aushubniveau, aber die Bodenfeuchtigkeit zu hoch, wird auf den gewachsenen Boden besser erst eine Packlage (Körnung vorteilhaft 10 – 12 mm) aus Kalk- oder Quarzschotter als kapillarbrechende Schicht eingebracht. Diese grobkörnigen Schüttungen können aufgrund der eingeschlossenen Hohlräume das kapillare Aufsteigen von Bodenfeuchtigkeit verhindern, d.h. Bodenfeuchtigkeit gelangt nur in Dampfform in den Keller. Die Stärke der Schicht sollte, je nach Feuchtigkeitsandrang, etwa 15 bis 30 cm betragen. Wird darauf gestampfter Lehm aufgebracht, so empfiehlt es sich, um der Lehmschicht eine bessere Festigkeit zu geben, zwischen Schotter und Lehm eine Trennlage z.B. aus Ölpapier einzubringen oder eine 3 – 5 cm dicke Ausgleichsschicht aus Feinkies oder Grobsand vorzusehen, die mit Handstampfern verdichtet wird.

Ist ein kühles, aber relativ trockenes Raumklima erwünscht (z.B. für einen Weinkeller), bietet sich ein Fußbodenaufbau mit einem 8 bis 12 cm starkem Trasskalkestrich an (Abb. 3.24). Trasskalkestrich oder „Biobeton" wird aus einem Teil hochhydraulischem Trasskalk und drei Teilen Sand und Kies (Korngröße bis 8 mm) hergestellt. Anders als der Ziegelboden im Sandbett bildet dieser Belag eine glatte, waagerechte Schicht. Trasskalkestrich ist allerdings erst nach 6 bis 8 Wochen belastbar. Eine höhere Festigkeit des Bodens wird durch die Zugabe von Zement erreicht bzw. durch eine Armierung mit Stahlmatten.

Bei *Neubauten* wird die Bodenplatte dort ausgespart, wo der Naturkeller seinen Platz finden soll. Der Fußboden soll hier vorteilhaft mindestens 50 cm tiefer liegen als die Oberkante Fußboden der anderen Kellerräume, damit eine kalte Luftschicht in der Vertiefung entsteht.

Achtung: Bei einem hohen Uran-Radiumgehalt des Erdbodens z.B. in Gegenden mit früherer Vulkantätigkeit kann – abhängig von der Art der eingesetzten Baustoffe, aber vor allem auch durch die Wahl des Fußbodenaufbaus – das radioakti-

3.24
Trasskalkestrich auf Dränageschotter.
Quelle (43)

3.25
Betonfußboden.
Quelle (34)

ve Edelgas Radon in Kellerräume aus dem Erdreich eindringen und bei hohen Raumluftkonzentrationen Krankheiten, vor allem Lungenkrebs, verursachen. Wer in einer Gegend lebt, in der die Radon-Belastung überdurchschnittlich hoch ist, der sollte seinen Kellerfußboden doch besser betonieren (Abb. 3.25). Zur Erhöhung der Luftfeuchtigkeit empfiehlt es sich in diesem Fall, auf dem Betonfußboden Ziegelvollsteine im Sandbett zu verlegen, die ab und zu mit Wasser befeuchtet werden.

3.26
Alter Keller mit Natursteinboden (Stadtmuseum Gerlingen bei Stuttgart).

Die Kellerdecke

Die Decke bildet den oberen Abschluss eines Raumes und trägt zur Aussteifung des Baukörpers bei.
Die Kellerdecken der Bürgerhäuser des 17. bis 19. Jahrhunderts wurden, auch aus Brandschutzgründen, zumeist als massive, gewölbte Decken hergestellt, während für die anderen Geschosse Holzbalkendecken üblich waren. Auch heute sind nach der Bundesbauordnung die tragenden Teile von Decken über dem Kellergeschoss grundsätzlich nichtbrennbar auszuführen, wobei Ausnahmen jedoch möglich sind.
Ein weiterer Grund für die Ausführung der Kellerdecke als Massivdecke lag darin, dass bei der Lage der Decke unterhalb oder nur etwas oberhalb des Geländeniveaus mit dem Auftreten von Nässe zu rechnen war, zumal die Kellerdecke ja in der Regel Räume mit unterschiedlichen Innentemperaturen trennt. Durch die Temperaturdifferenzen zwischen beheiztem Erdgeschoss und kühlem Kellergeschoss kommt es leicht zu Schwitzwasser, das sich an der Decke niederschlägt. Obendrein kann im Sommer bei warmer Witterung an den kühlen Wänden leicht Tauwasser entstehen, wenn durch Lüftung feuchte, warme Luft in den Keller eindringt. Eine Holzbalkendecke ist dadurch prinzipiell schadensanfälliger (Schimmelpilze, Hausschwammgefahr) als eine Massivdecke. Dennoch gab es auch früher Gebäude, bei denen die Decken über dem Vorratskeller in Holz als tragender Konstruktion ausgeführt waren (Abb. 3.27).
Bei Freilandkellern ist die Entscheidung zugunsten einer Holzbalkendecke auch darin begründet, dass sie einfach und preiswert selbst zu bauen ist (siehe Baubeschreibung Kap. 4, S. 101 ff.)

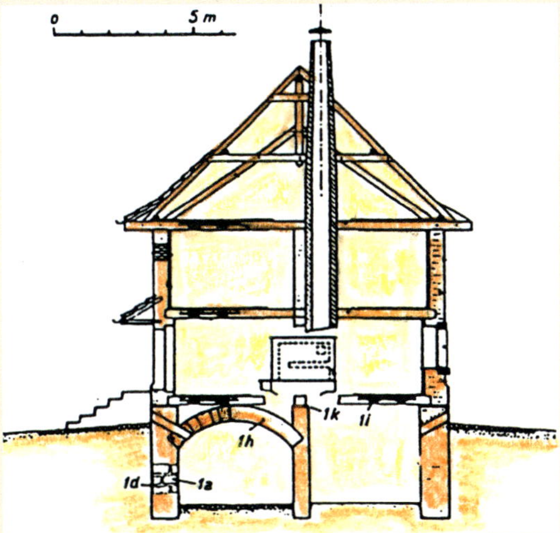

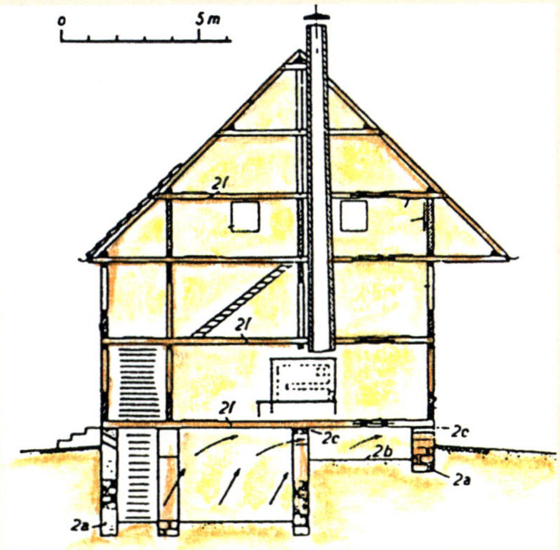

Der ältere Massivbau

Diese Abbildung zeigt schematisch einen Wohnbau für normale bürgerliche Verhältnisse, wie man ihn vor 100 und 200 Jahren erstellte und wie er auch heute noch anzutreffen ist:

1a Die Keller-Außenwände sind aus Kalkquadern gemauert und haben rund 1 m Dicke.

1b Die Parterre-Wände sind ebenfalls in Kalkquadern oder auch in roten Ziegelsteinen gemauert und sind etwa 70 bis 75 cm stark.

1c Die Wände im ersten Stock sind meist in roten Ziegelsteinen erstellt und haben 55 cm bis hinab zu 40 cm Dicke.

1d Als Mörtel für das Vermauern der Kalkquader und Ziegelsteine kam durchweg eine Mischung von Kalk, Weißkalk, Tuffmehl (Süßwasserkalk) und etwas Sand zur Verwendung.

1h Der Weinkeller wurde damals gewölbt und in Kalkquadern gemauert. Der Boden wurde, der schweren Fässer wegen, mit einer Steinpflasterung versehen.

1i Der Kartoffel- und Gemüsekeller erhielt in der Regel eine Decke aus Rundhölzern mit einem schweren Blindboden, Schieb- oder Schrägboden. Der Naturboden blieb erhalten oder bekam einen Stampflehmbelag.

1k In der Übergangszone von der Kellermauer zum Holzwerk des Erdgeschosses finden wir immer eine gute, dicke und fette Dachpappenlage durchgezogen, um eventuell aufsteigende Feuchtigkeit vom Holzwerk und vom oberen Bau fernzuhalten.

1l Die Balkenlagen durch alle Stockwerke hinauf waren entweder schwere Rundhölzer mit bis zu 30 und 40 cm Durchmesser oder auch von Hand zugehauene Vierkanthölzer, 25 x 25 oder 30 x 30 cm.

Der ältere Leichtbau

In früheren Zeiten baute man je nach Landesgegend auch anders und hatte das Bestreben, leichtere und billigere Wohnstätten zu errichten. Für ländliche Verhältnisse wie auch für Gebirgsgegenden und sogar Städte erhielt der Holzbau große Bedeutung. In gewissen Gegenden kam mehr der Riegelbau oder Fachwerkbau zur Geltung. Die Abbildung zeigt einen solchen Riegelbau mit äußerer Schindelabdeckung, wie sie sich an Bauten, die sehr dem Wind und Wetter ausgesetzt sind, seit Jahrhunderten bewährt hat.

2 a Die Kellerwände bestehen aus Kalkquadern oder sonstigen Felsgesteinen und sind 60 - 80 cm stark. Dieses alte Mauerwerk ist natürlich mit Kalk gemauert.

2 b Aus Sparsamkeitsgründen wurden nicht alle Kellerräume ausgehoben, aber man ließ dennoch genügend Raum für Luftzirkulation, so daß das Gebälk und der Blindboden der Parterreräume gegen Feuchtigkeit, muffige Luft usw. geschützt waren. Solche Lufträume müssen soweit zugänglich sein, daß man immer kontrollieren kann, ob sich darin etwa Wasser ansammelt, sich am Holz Pilze ansetzen, usw. Die Luft muss im Sommer und Winter zirkulieren können.

2 c In der Übergangszone vom Kellermauerwerk zum Holzwerk des Parterres finden wir auch hier eine gute, dicke und fette Dachpappe- oder Bitumenlage als Schutz gegen eventuell aufsteigende Feuchtigkeit und als Trennschicht beim Materialübergang von Stein zu Holz.

3.27 Ausführung des Kellergeschosses in Massiv- bzw. Leichtbau früher. Quelle (44)

3.28
Alter Gewölbekeller aus Bruchsteinen ohne Sperrschichten gegen Feuchtigkeit im aufgehenden Mauerwerk.
Quelle (41)

3.29
Gewölbekeller aus Ziegelsteinen. Mit waagerechten Sperrschichten im aufgehenden Mauerwerk, senkrechter Wandabdichtung und Dränage.
Quelle (45)

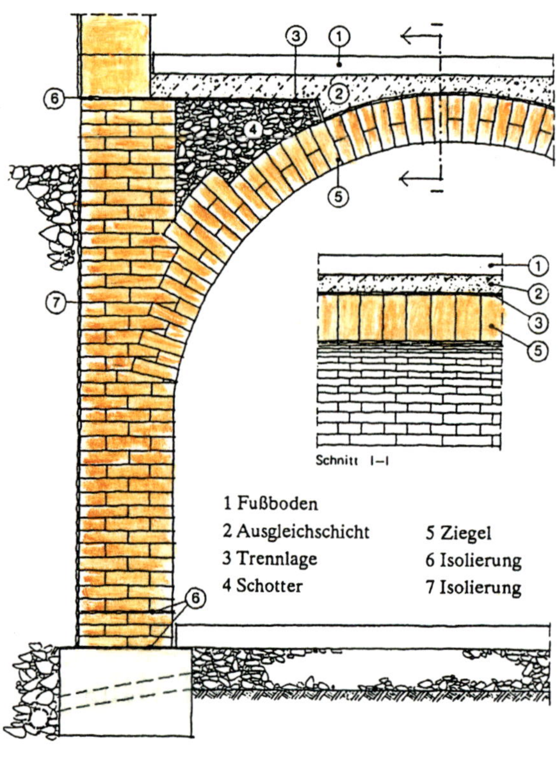

Bei überbauten Naturkellern sind Massivdecken, am besten aus gut feuchtigkeitsspeichernden und -abgebenden Ziegelsteinen vorzuziehen.

Gewölbedecken sind die älteste Form massiver Decken. Sie bilden zusammen mit den Gebäudemauern ein festes Gefüge (Abb. 3.28 und 3.29). Der Umgang mit Gewölben erfordert allerdings Einiges an Erfahrung und Verständnis für die statischen Verhältnisse, denn sie sind nur für die Aufnahme von Druckkräften ausgelegt. Hauskeller erhielten als Decke üblicherweise ein Gewölbe mit zylindrischer Wölbfläche (Tonnengewölbe) bzw. ein Kappengewölbe, das eine bessere Ausnutzung der Raumhöhe zuließ (Abb. 3.30). Zum Bau dieser flachen Gewölbedecken, die durch Träger in kleine Bögen unterteilt waren, wurden Voll- oder Hohlziegel, Schwemmsteine und andere poröse Steine verwendet. Auch heute werden gewölbte Decken gerne für den Bau von Naturkellern eingesetzt (siehe die Baubeschreibungen in Kap. 4, S. 77 ff.).
Wer seinen Naturkeller gerne mit einer Gewölbedecke ausstatten möchte, sich aber nicht zutraut, sie selbst zu bauen, dem kann vielleicht mit Ziegelgewölbe-Fertigteilen geholfen werden (siehe S. 50).

Nicht ganz so stilvoll, aber in der Regel preiswerter als Gewölbedecken sind *ebene Massivdecken*. Die große Zahl der möglichen Formen kann in zwei Gruppen unterteilt werden, in Platten- bzw. Balkendecken. Zu den Plattendecken gehört z.B. die sehr verbreitete Stahlbetondecke. Als Decke für einen Naturkeller besser geeignet sind allerdings Balkendecken mit gut feuchtigkeitsausgleichender Ziegelfüllung, wobei diejenigen Bal-

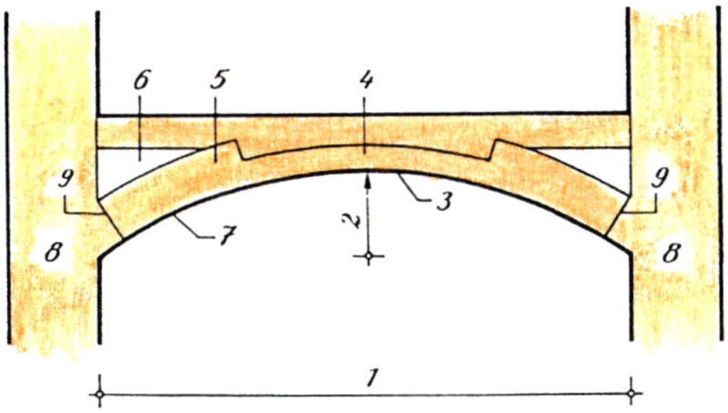

Benennung von Gewölbeteilen:
1 Spannweite; 2 Pfeil, Pfeilhöhe, Stich; 3 Scheitel;
4 Rücken; 5 Verstärkung; 6 Zwickel;
7 Leibung; 8 Widerlager; 9 Kämpferfuge

3.30: Gewölbte Massivdecken. Quelle (46)

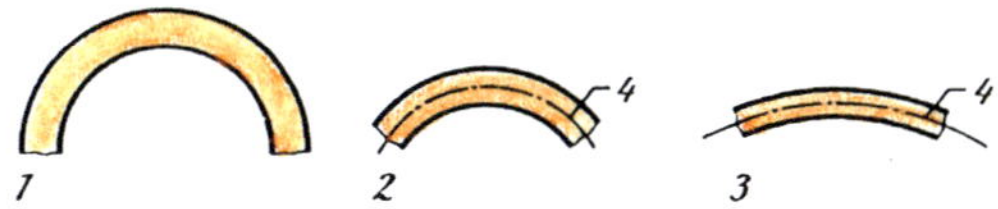

Tonnengewölbe:
1 halbkreisförmiges Tonnengewölbe; 2 segmentförmiges, sog. gedrücktes Tonnengewölbe; 3 preußische Kappe; 4 Wölblinie

ken, welche die Last auf die Wände übertragen, aus stahlarmierten Betonträgern oder aus Profilstahlträgern bestehen. Die Zwischenräume können mit Ziegelhohlsteinen oder -platten ausgefüllt werden (Abb. 3.38). Die Deckenunterseite im Keller kann roh bleiben oder einen Sumpfkalkmörtelputz bzw. einen Anstrich aus Sumpfkalk zur Desinfektion erhalten. Ziegeldecken sind in verschiedenen Ausführungen möglich und für Verkehrslasten bis zu 500 kp/m² zulässig.

Wärmedämmung: Damit der kühle Keller nicht Kälte in den darüberliegenden Wohnbereich bringt und damit - umgekehrt - nicht Wärme aus dem geheizten Erdgeschoss in den Kellerraum eindringt, muss die Decke wärmegedämmt werden. Durch einen ausreichenden Wärmeschutz wird außerdem vermieden, dass sich im Sommer Kondenswasser unter der Decke bildet. Bei den alten Gebäuden, in denen die Kellerdecke als Gewölbe oder als Kappendecke ausgeführt war, wurde die Wärmedämmung fast ausschließlich von der Sand- oder Schlackenfüllung

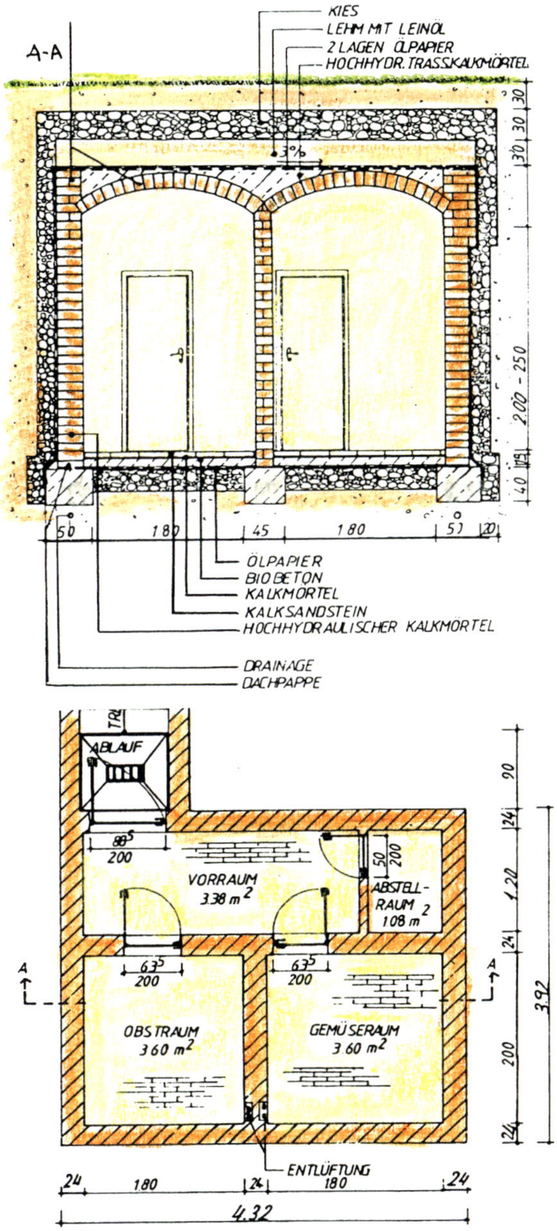

3.31: Grundriss und Schnitt eines Obst- und Gemüsekellers. Quelle (47)

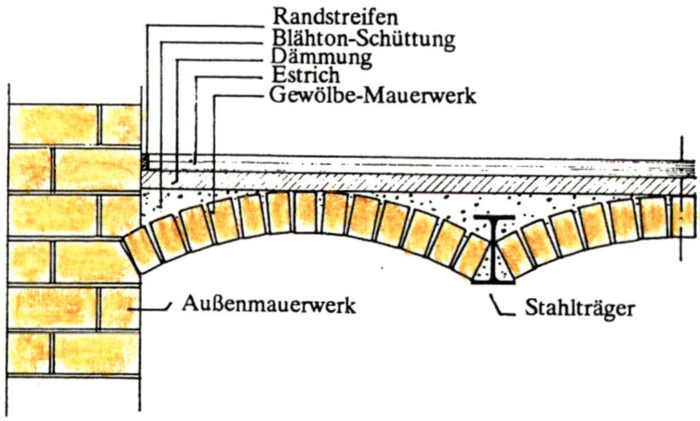

3.32
Zum Wohnbereich wärmegedämmte Gewölbedecke.
»Die einzelnen Bögen dieser Decke sollten aus statischen Gründen eine Spannweite von 1,5 m nicht überschreiten. Das Grundkonzept besteht aus statisch bemessenen Stahlträgern, welche auf die tragenden Wände gelegt werden. Zwischen ihnen wird eine gewölbte Holzschalung eingebaut und darauf erfolgt die Vermauerung von 115 cm Vollziegelmauerwerk. Das Widerlager des Bogenmauerwerkes ist die Innenkante des Auflagermauerwerkes, welches abzuschrägen ist. Die Fixierung des Steines am Bogenscheitel dient der Festlegung der Bogenhälften und der keilförmigen Mörtelfugen. Für die Festigkeit des Mauerverbandes ist Mörtel der Gruppe 3 (ein Anteil Zement, vier Anteile Sand) notwendig. Sofort nach Vermauerung des letzten Steines kann die Holzschalung entfernt und für den nächsten Bogen aufgebaut werden. Autoritäre Poliere vergangener Zeit verlangten dann vom Maurer, sich auf die Gewölbespitze zu stellen, um die Tragfähigkeit seines Mauerwerkes unter Beweis zu stellen.« (Quelle 24)

3.33: Wärmebrücken bei massiven Betonplatten als Kellerdecke. Quelle (7)

A Bei untenliegender Dämmschicht Wärmebrückenwirkung an Decke und Wand in Bodennähe.

B Bei obenliegender Dämmschicht ist die Wärmebrückenwirkung gering und nur bei sehr niedrigen Außentemperaturen spürbar.

C Bei obenliegender Dämmschicht und zusätzlicher Dämmung von außen entsteht keine Wärmebrückenwirkung.

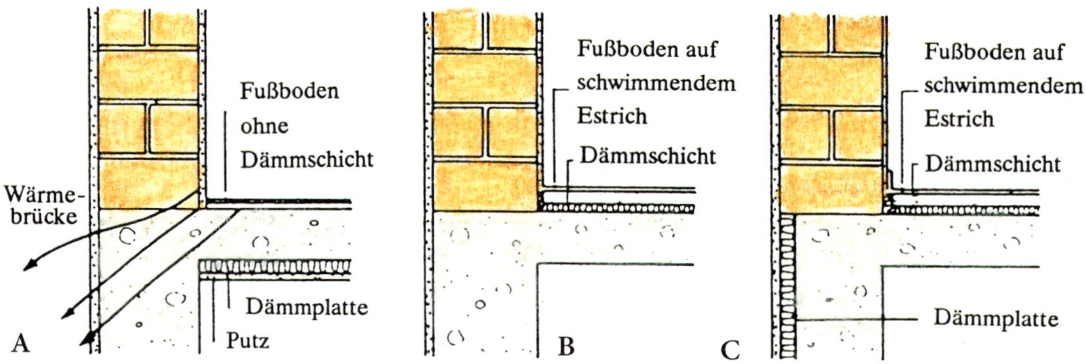

erbracht. Diese Decken erreichten höchstens einen U-Wert von 0,7 - 0,9 W/m^2K (25). Kellerdecken aus Ortbeton oder Decken aus Ziegel- oder Bimsbeton-Hohlkörpern wurden bevorzugt im letzten Jahrhundert eingebaut. Ihr U-Wert liegt im Vergleich zu den älteren Deckenkonstruktionen etwas höher, die Dämmfähigkeit dieser Decken ist also schlechter. Heute schreibt die Energieeinsparverordnung (EnEV 2009) für Kellerdecken im Allgemeinen einen Wärmedurchgangskoeffizienten von $U \leq 0{,}30\ W/m^2 K$ vor. Bei der nachträglichen Dämmung von Kellerdecken sollten mindestens 14 cm Dämmstoff (der Wärmeleitgruppe 040) angebracht werden. Als Dämmstoffe geeignet sind z.B. Holzwolleleichtbauplatten, Kork, Mineralfasern, und (nicht ganz so umweltfreundlich) Schaumkunststoffe. Die Platten können direkt an die Decke angeklebt bzw. gedübelt oder mit einer Lattenkonstruktion befestigt werden. Bei der kellerseitigen Wärmedämmung geht allerdings für den Naturkeller die massive Decke als Feuchtigkeitsspeicher verloren. Dampfsperren sind in der Regel nicht notwendig, da der Dämmstoff auf der *kalten* Seite der Decke angebracht ist.
Generell ist es allerdings günstiger, wenn die Wärmedämmschicht nicht an der unteren Seite der Kellerde-

3.34 Selbst gebaute Gewölbedecke in einem Freilandkeller (siehe auch Kap. 4, S. 111 ff.) Foto: Familie Holdstein

Adressen Gewölbe-decken-Fertigteile
(Auswahl)

Lindner Gewölbe-elemente
Siechen 12,
93413 Cham
Tel.: 09971-2103;
www.ziegelei-lindner.de

Neuschwander GmbH
Neipperger Str. 41;
74336 Brackenheim
Tel.: 07135-961090;
www.neuschwander.de

3.35 *(oben)* und 3.36
Segmente von Ziegelfertiggewölbe.
Foto: Firma Lindner, Gewölbeelemente, Cham

3.37
Bau eines Erdkellers mit Ziegelfertiggewölbe in einen Hang (Löss)
Foto: Claudia Ladener

cke, sondern über der Tragdecke angebracht ist, denn bei der Zusatzdämmung unter der Decke wird es nicht ausbleiben, dass durch die ungedämmten Ränder der Kellerdecke Wärmebrücken im Bereich der Wandauflager entstehen (Abb. 3.33). Bei Neubauten wird deshalb die Wärmedämmschicht über der Rohdecke angeordnet und dort, wo die Decke in die Wand einbindet ebenfalls gedämmt (siehe Abb. 3.38). Es ist zu beachten, dass die Dämmung bei einer Dicke von 14 cm und mehr in 2 Lagen verlegt wird, wobei die obere Lage eine ausreichende Druckfestigkeit aufweisen sollte, damit in den darüberliegenden Schichten keine Risse entstehen. Zugleich übernimmt die obere Lage den Trittschallschutz.

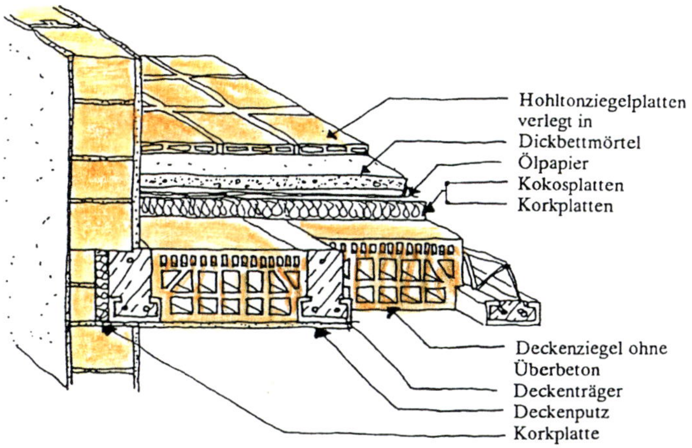

3.38: Ziegelhohlkörperdecke. Quelle (37)

Dachkonstruktionen für Freilandkeller

Während Decken von Kellerräumen unter beheizten Räumen, wie beschrieben, entsprechend den Forderungen der Energieeinsparverordnung gedämmt sein sollten, gibt es für die Decken von Freilandkellern keine Vorschriften. Wird der Freilandkeller nicht mit einem unbeheizten Nebengebäude wie z.B. einer Scheune, Garage oder Werkstatt überbaut, müssen hier, anders als bei einer überbauten Kellerdecke, Maßnahmen zur Abdichtung gegen Feuchtigkeit sowie gegen die unerwünschte Erwärmung bzw. Abkühlung der Decke durch den Einfluss der Außenwitterung getroffen werden. Die Abbildungen 3.40 bis 3.43 zeigen einige bewährte Ausführungen von Freilandkellern. Bei den Beispielen aus Finnland ist zu sehen, wie

3.39: Freilandkeller, gedämmt mit Strohballen. Hier: Auftragen einer Lehmschicht auf Jutegewebe. Foto: Familie Holdstein

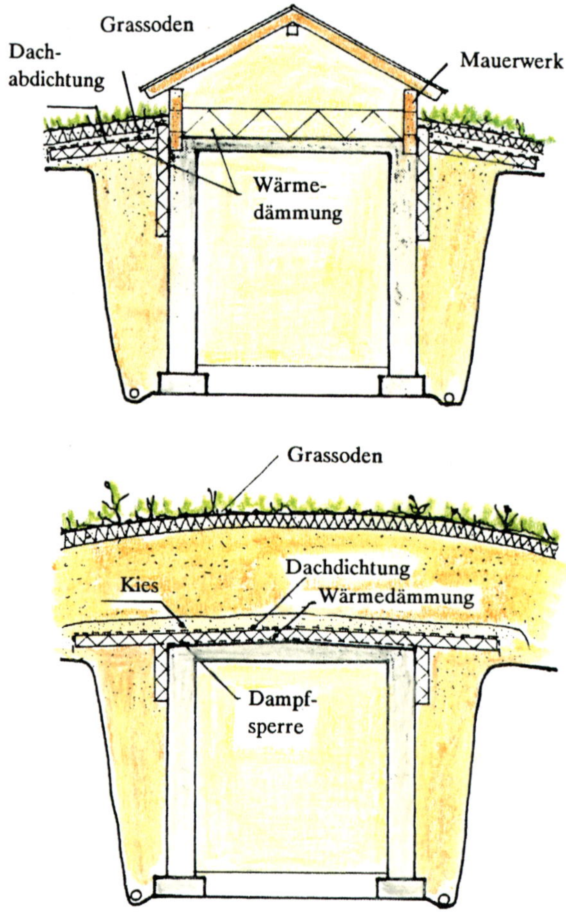

3.40: Finnische Freilandkeller aus Beton, sorgfältig wärmegedämmt.
Quelle (49)

3.41: Querschnitt eines Großspeichers für Kartoffeln und Wurzelgemüse (UDSSR). Quelle (5)

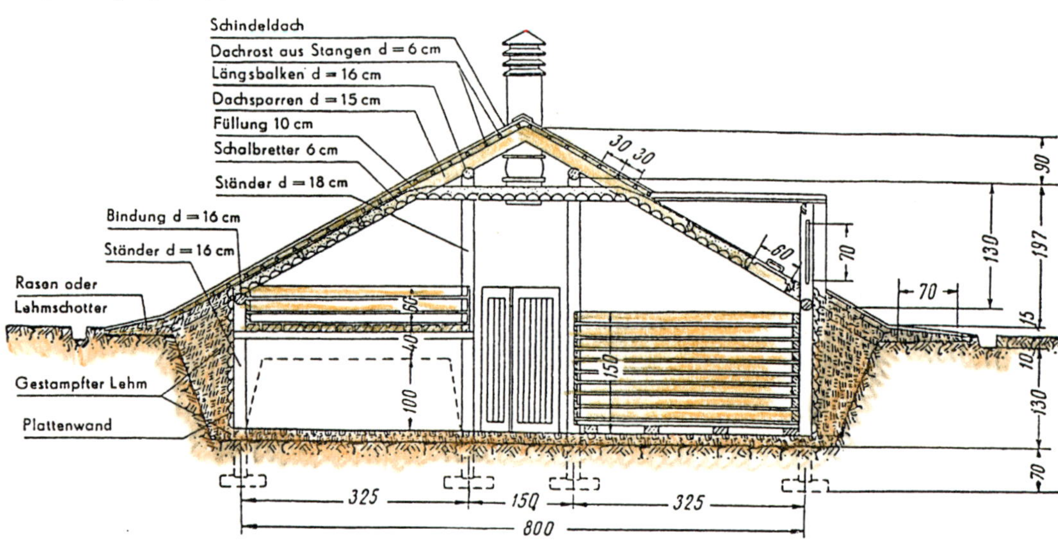

sorgfältig dort auf eine gute Wärmedämmschicht der Decke geachtet wird.

Als Dach für Freilandkeller können alle üblichen Dachkonstruktionen und Eindeckungsmaterialien verwendet werden, wenn auf eine ausreichende Wärmedämmung der Kellerdecke nach außen geachtet wird. Besonders gut geeignet und zudem optisch reizvoll ist ein Erdhügel- oder Grasdach. Daher wird im Folgenden verstärkt auf diese Konstruktion eingegangen.

Ein Grasdach hat durch seine Erdschicht und durch die in den Pflanzen enthaltene Feuchtigkeit eine hohe Wärmespeicherkapazität und wirkt dadurch klimaausgleichend. So wurden auf unbegrünten Dachflächen bei starker Sonneneinstrahlung Temperaturen bis 50°C gemessen, während die Temperatur unter der Vegetation eines Grasdaches zwischen 15 und 20°C blieb (Abb. 3.44).

Dachtragwerk

Als tragende Konstruktion für ein Grasdach werden in der Regel flachgeneigte Sparren-, Pfetten- oder Pultdächer gewählt (Abb. 3.45). Ausführungen mit gewölbter Decke sind natürlich auch möglich (siehe Abb. 3.31). Zu bedenken ist, dass die Dachkonstruktion statisch so bemessen werden muss, dass sie außer der schweren Erdschicht auch noch Schneelasten, Verkehrslasten usw. auffangen kann.
Das traditionelle skandinavische Grasdach hatte z.B. ein Eigengewicht von über 250 kg/m² (29). Es bestand aus dem dachtragenden Dachstuhl und der darauf befestigten Dachschalung aus unbesäumten Bretterbohlen mit aufliegenden Birkenschindeln als Feuchtigkeitsschutz und einer etwa 20 cm dicken Grassodenschicht (Abb. 3.49, S. 56).
Die Flächenbelastung lässt sich reduzieren, wenn die Grassodenschicht nicht so dick gewählt wird, oder - noch wirksamer - wenn statt Erde spezielle Dachsubstrate z.B. aus Rindenschrot, Tongranulaten und Lava usw. eingesetzt werden. Je dünner und leichter die Vegetationsschicht auf dem Dach allerdings ist, umso weniger gut ist auch ihre klimaausgleichende Funktion. Deshalb ist es in der Regel günstiger, die Dachtragkonstruktion so stabil auszuwählen, dass sie eine 20 bis 30 cm dicke Vegetationsschicht (also eine ständige Last zwischen 250 und 500 kp/m², je nach Aufbau) gefahrlos aufnehmen kann (Tabelle 3.1, S. 56).

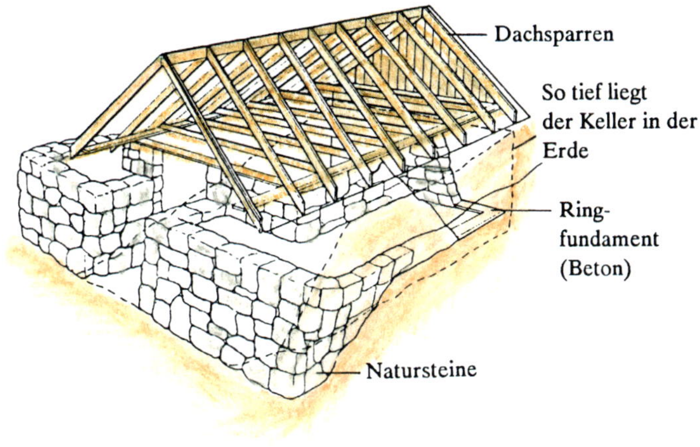

3.42: Natursteinkeller mit Sparrendach (USA). Quelle (12)

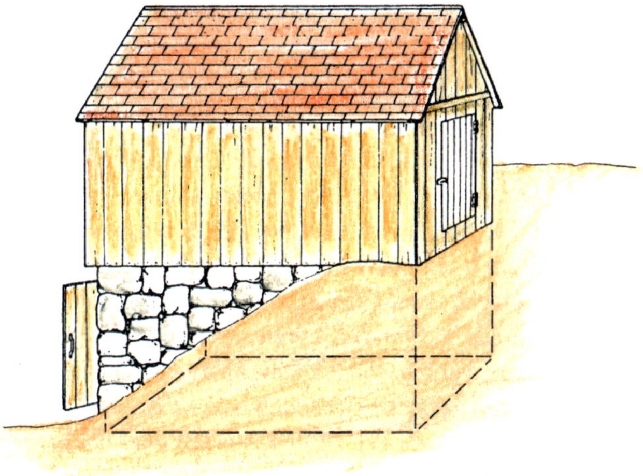

3.43: Natursteinkeller unter einer kleinen Scheune (USA). Quelle (12)

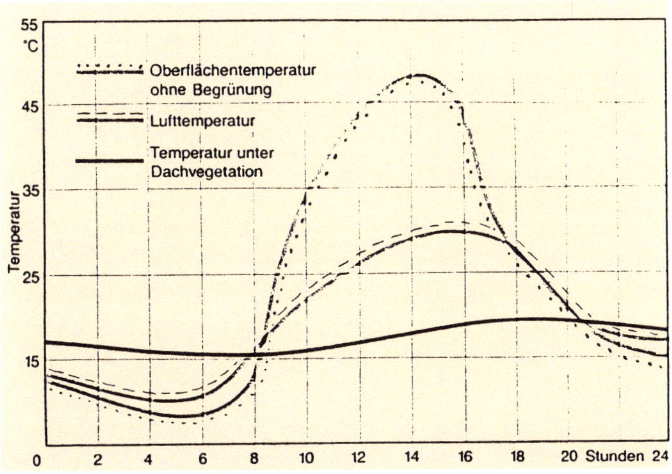

3.44
Temperaturen begrünter und unbegrünter Dachoberflächen.
Quelle (26)

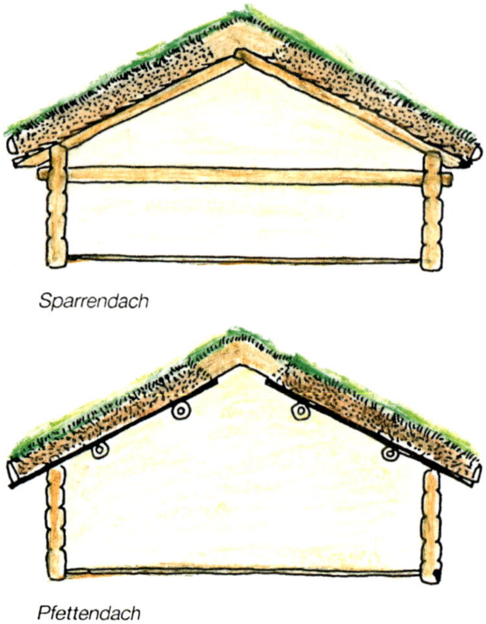

3.45: Sparrendach und Pfettendach.

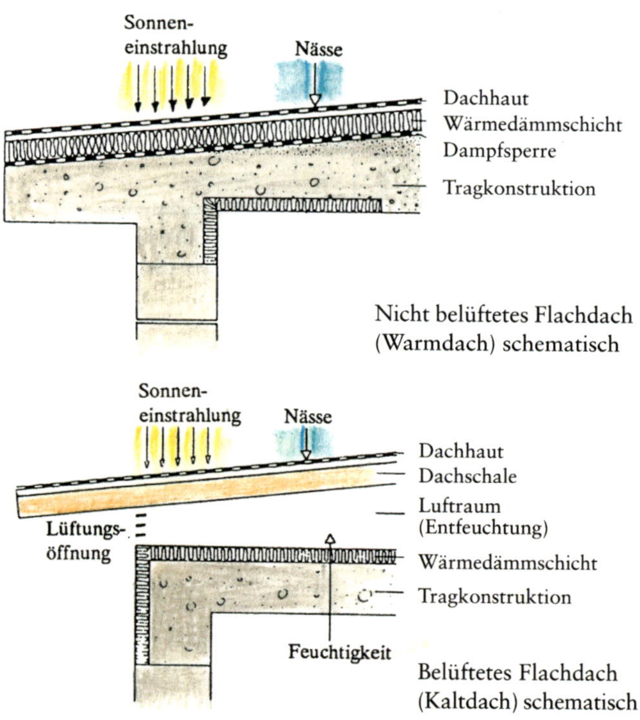

3.46: Aufbau von Warmdach (oben) und Kaltdach (unten). Quelle (7)

Als Richtwert kann z.B. bei einer (schon gewichtsreduzierten) Mischung aus 40 Vol.-% Gartenerde, 40 Vol.-% Sand 0/2 und 20 Vol.-% Rindenkompost ein Gewicht von 14 bis 18 kg/m² je cm Dicke angenommen werden (26).
Die Mindestneigung der Dachfläche sollte 5° betragen, die maximale Dachneigung nicht mehr als 45°. Ist das Dach zu flach, kann Regenwasser nicht schnell genug abfließen, ist es zu steil, rutscht die Grassodenschicht zu leicht ab.
Übersteigt die Dachneigung ca. 20°, ist es sinnvoll, zusätzliche Stützkonstruktionen für die Grassoden anzubringen. Dazu kann z.B. ein Lattengerüst lose über den Dachfirst gehängt werden, das die Soden am Abrutschen hindert. Die Dachlatten, nicht imprägniert, verrotten zwar mit der Zeit, bis dahin halten sich die Grassoden durch ihre Durchwurzelung jedoch von selbst.

Dachaufbau

Grundsächlich werden zwei Dachaufbauten unterschieden und zwar das einschalige, unbelüftete Warmdach und das zweischalige, belüftete Kaltdach (Abb. 3.46).
Beim *Warmdach* ist die Dachhaut in direktem Kontakt mit der Wärmedämmung. Um Kondensationserscheinungen in der Wärmedämmung zu verhindern, ist deshalb in der Regel eine Dampfsperre nötig. Abb. 3.47 zeigt ein Warmdach (Flachdach) mit Vegetationsschicht. Bei Dächern mit geringer Dachneigung wie dem Flachdach, ist es wichtig, Dränschichten etc. für eine zuverlässige Wasserableitung vorzusehen.

Der übliche Warmdachaufbau besteht aus der

- Tragkonstruktion (Betondecke, Sparrenlage mit Holzschalung usw.)
- Trenn- und Ausgleichsschicht
- Dampfsperre
- Wärmedämmschicht
- Dampfdruckausgleichsschicht oder Trennschicht
- Dachdichtung und Wurzelschutzschicht
- Vegetationsschicht und Begrünung

Wie zu ersehen ist, haben Warmdächer einen aus vielen Schichten bestehenden Aufbau, die sorgfältig zu verlegen sind, soll es nicht zu Feuchteschäden kommen. Ein weiterer Nachteil ist, dass die Dachdichtung in jedem Falle auch Schutz gegen Durchwurzelung bieten muss, was mit Bitumenpappe nicht erreicht werden kann.
Eine einfachere Variante des Warmdaches, die sich für erdumhüllte Freilandkeller eignet, ist das *Umkehrdach* (Abb. 3.48). Hier sind die Schichten reduziert, die Dachdämmung wird über der Dachdichtung verlegt. Der Schichtaufbau von innen nach außen:

- Tragkonstruktion (Betondecke, Sparrenlage mit Holzschalung)
- Dachdichtung
- Wärmedämmschicht
- Vegetationsschicht und Begrünung.

Bei sehr flachen Dachneigungen ist es auch hier sinnvoll, oberhalb der Wärmedämmschicht zusätzlich eine Dränschicht (mindestens 3 bis 5 cm) aus Kies oder, leichter, aus Tongranulat, einzubringen, um Staunässe zu vermeiden. Ein Filtervlies (Kokosfilz, Geovlies usw.) zwischen Dränschicht und Erdsubstrat bzw. zwi-

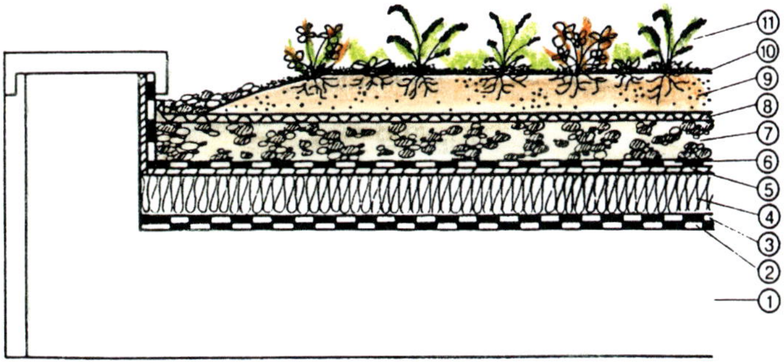

1. Tragkonstruktion
2. Trennschicht
3. Dampfsperre
4. Wärmedämmung
5. Dachdichtung
6. Wurzelschutz
7. Dränschicht
8. Filterschicht
9. Vegetationsschicht
10. Abdeckung
11. Vegetation

3.47: Schema Gründach (Warmdach). Quelle (26)

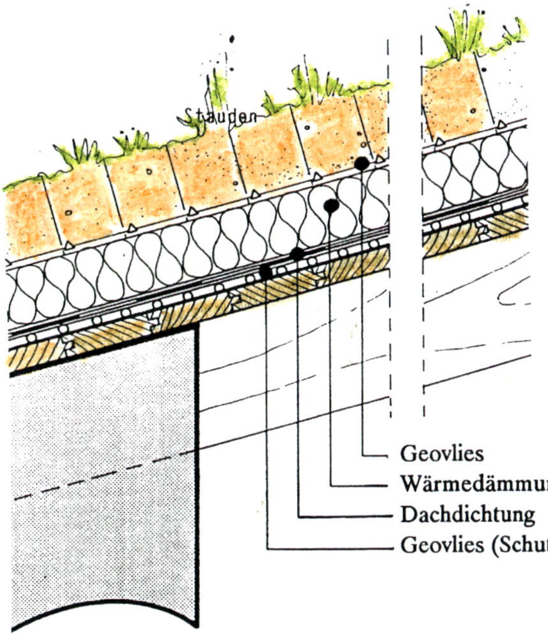

3.48: Gründach als Umkehrdach. Quelle (29)

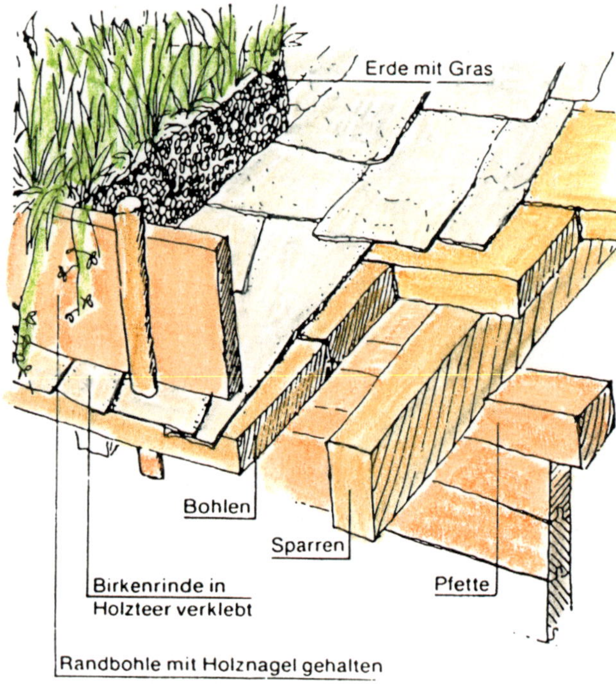

3.49: Aufbau eines traditionellen Grasdaches (Skandinavien). Quelle (50)

Baustoff/ Vegetationsschicht	Flächenbelastung je cm Schichtdicke	
	kp/m²	kN/m²
Oberboden	16 - 20	0,16 - 0,20
Sande	20 - 22	0,20 - 0,22
Kiessande	20 - 22	0,20 - 0,22
Kiese	16 - 18	0,16 - 0,18
Lava-Sande	20 - 21	0,20 - 0,21
Lava-Kiessande	18 - 19	0,18 - 0,19
Lava-Kiese	12 - 13	0,12 - 0,13
Bims-Sande	8 - 10	0,08 - 0,10
Bims-Kiessande	7 - 11	0,07 - 0,11
Bims-Kiese	7 - 8	0,07 - 0,08
Blähton-Sande	11 - 13	0,11 - 0,13
Blähton-Kiese	5 - 10	0,05 - 0,10
Rindenkompost	11 - 12	0,11 - 0,12
Einheitserde	6 - 8	0,06 - 0,08
Verbesserter Oberboden (Oberbodenanteil ca. 50 Vol-%)	13 - 15	0,13 - 0,15
Rasen (regennaß)	5	0,05
Niedrige Stauden u. Gehölze (belaubt)	10	0,10

Tabelle 3.1: Flächenbelastung durch Baustoffe und durch Vegetation. Quelle (51)

schen Erdsubstrat und Dämmplatten verhindert, dass feine Erdteile eingeschwemmt werden. Bei dieser Konstruktion sind nur feuchtigkeitsunempfindliche, formbeständige und unverrottbare Dämmstoffe geeignet. Wie aus Abb. 3.46 zu ersehen ist, liegt beim *Kaltdach* zwischen Dämm- und Dichtungsschicht ein Luftraum, der an den Dachrändern von außen be- und entlüftet wird. Durch diese Luftzirkulation wird der diffundierende Wasserdampf in der Wärmedämmung abgeführt.

Aufbau des Kaltdaches mit Begrünung:

- Tragkonstruktion (Betondecke, Sparrenlage mit Holzschalung)
- Wärmedämmung
- Luftschicht
- Holzschalung
- Dachabdichtung
- Vegetationsschicht und Begrünung

Da bei dem hinterlüfteten Dach die Wärmedämmschicht nicht auf Druck beansprucht wird, sind dampfdurchlässige Dämmstoffe der Klasse W (nicht druckbeansprucht) z.B. aus Mineralwolle, Kokoswolle usw. einsetzbar. So kann Wasserdampf auch von unten durch die Dachschalung und durch den (diffusionsfähigen) Dämmstoff hindurch in der darüberliegenden Luftschicht nach draußen abgeführt werden.
Das Kaltdach ist bauphysikalisch unproblematischer als das Warmdach, wenn sichergestellt wird, dass der belüftete Zwischenraum ausreichend groß gewählt wird (in der Regel mindestens 4 cm an jeder Stelle). Im Dachraum sind deshalb an zwei gegenüberliegenden Dachseiten Öffnungen (zur Seite oder nach oben) anzubringen, die einen freien Lüftungsquerschnitt gewährleisten. Als Dachabdichtung kann auf spezielle

3.50: Schöner Freilandkeller mit grünem Pelz. Foto: Familie Holdstein

3.51: Dachdichtung mit Isolieranstrich und Noppenfolie.
Foto: Familie Holdstein

3.52: Abdichtung mit Bitumen.
Foto: Firma Lindner, Gewölbeelemente, Cham

Wurzelschutzbahnen verzichtet werden, wenn bei Durchwurzelung der Abdichtung die eindringende Feuchtigkeit im Luftzwischenraum abgeführt werden kann (siehe unten).

Dachdichtung

Beim traditionellen Grasdach wurden zum Schutz vor durchsickernder Feuchtigkeit bis zu 16 Lagen (!) getrockneter, flacher Birkenrinde als Abdichtung unter der Sodenschicht verwendet. Die Rinde wurde lose überlappend verlegt und dann durch Grassoden beschwert. Als Ersatz für die Birkenrinde werden heute Dachabdichtungen aus Bitumenpappe, bituminierten Wellplatten, deren Trägerschicht aus Faserstoffen wie z.B. Zellulose und Holzschliff besteht, oder aus speziell für diesen Einsatz entwickelte gewebeverstärkte Kunststoffbahnen verwendet. Abdichtungen aus überlappenden Bitumenpappbahnen und bituminierten Wellplatten gelten als nicht durchwurzelungsfest. Wird das Dach als Kaltdach (siehe oben) mit Hinterlüftung ausgeführt, so kann allerdings dennoch eine Abdichtung aus Bitumenbahnen schadensfrei eingesetzt werden, wenn die durch die Durchwurzelung eingeführte Feuchtigkeit in der luftabführenden Zwischenschicht verdunstet, ohne dass die Dachschalung ständig durchfeuchtet wird. Beim Dachaufbau ohne Hinterlüftung (Warmdach, Umkehrdach, siehe oben) ist dagegen eine Abdichtung aus wurzelfestem Kunststoff ratsam. Da bei rauem Untergrund zum Schutz der Kunststoffbahn oft zuvor eine Trennlage aus Bitumenpappe verlegt wird, sollte diese Kunststoffbahn auch bitumenbeständig sein.

Außer den durch ihre Umweltproblematik nicht zu empfehlenden Abdichtungen aus dem Kunststoff PVC gibt es wurzelfeste und humussäureresistente Folien aus dem umweltverträglicheren Kunststoff Polyäthylen (PE), die schon seit vielen Jahren auch zum Schutz von Grundmauern gegen Wasser eingesetzt wird.
Wurzelschutzbahnen sind im Handel teilweise bis zu einer Breite von 8 m erhältlich, bzw. die Bahnen können auch vorgefertigt in der für das jeweilige Dach notwendigen Größe geliefert werden, so dass die Abdichtung nahtlos verlegt werden kann.
Die Wurzelschutzbahn sollte seitlich bis zur Oberkante der Vegetationsschicht hochgezogen werden.
Die Dichtigkeit des Grasdaches ist in der Regel da am stärksten gefährdet, wo die Dachhaut z.B. für das Entlüftungsrohr durchstoßen werden muss. Diese Durchbrüche sind konstruktiv so auszuführen, dass sie nicht über kurz oder lang Feuchtigkeitsschäden nach sich ziehen. Wer kein Risiko eingehen möchte, dem sei empfohlen, das Entlüftungsrohr z.B. an der dem Zuluftrohr gegenüberliegenden Giebelseite hindurchzuführen.

Wärmedämmung

Zuweilen wird immer noch die Meinung noch vertreten, Grasdächer könnten durch ihre Substratschicht und die Bepflanzung eine so hohe Dämmwirkung erzielen, dass zusätzliche Dämmmaßnahmen nicht nötig seien. Inzwischen ist erwiesen, dass dies so nicht stimmt, deshalb sollten auch Grasdächer von Freilandkellern besser wärmegedämmt werden, um Kondensationsprobleme zu vermeiden.
An das Material für die Dämmschicht bei *belüfteten* Grasdächern (Kaltdach) werden keine besonderen Anforderungen gestellt, solange der Dämmstoff dampfdiffusionsfähig ist und durch die Konstruktion vor Durchfeuchtung geschützt wird. Es können also Platten und Matten aus Mineralwolle oder Kokos eingesetzt, aber auch Dämmstoffe aus Kork, Schilfrohr und Stroh verwendet werden.

Beim *Umkehrdach*, bei dem die Wärmedämmung oberhalb der Dachhaut liegt, sind nur feuchtigkeitsunempfindliche, unverrottbare Dämmstoffe möglich, d.h. entweder Schaumglas- oder Hartschaumplatten. Schaumglas, das aus aufgeschäumtem Naturstein besteht, ist wasser- und wasserdampfdicht, chemisch beständig und weist eine hohe Druckfestigkeit auf. Zwar billiger aber auch ökologisch nicht so verträglich sind Hartschaumplatten aus extrudiertem Polystyrol (Markenname z.B. *Styrodur*, *Roofmate*) oder Polyurethanschaum (PUR) usw.

Für *Warmdächer*, deren Wärmedämmung unter der Abdichtung liegt, und die deshalb nicht feuchtigkeitsbeständig sein muss, sind Platten und Matten aus Mineralwolle oder Kokos geeignet, aber auch Dämmstoffe aus Kork, Schilfrohr und Stroh (siehe auch Baubeispiel S. 111 ff.).

Die *Dicke der Wärmedämmschicht* sollte mindestens 14-16 cm betragen, bei hinterlüfteten Dächern empfiehlt es sich, die Dämmstärke etwa 25% größer zu wählen als beim Warmdach. Wenn möglich sollte die Wärmedämmschicht bis über den oberen Teil der Außenwand reichen und auch horizontal in das Erdreich hinein verlängert werden (sogenannte horizontale Perimeterdämmung, siehe auch Abb. 3.40).

3.53 und 3.54: Naturkeller. Fotos: Firma Lindner, Gewölbeelemente, Cham

Bauliche Maßnahmen zur Luftkühlung

Durch die Be- und Entlüftung werden im Vorratskeller sowohl die Wärme- als auch die Feuchtigkeitsverhältnisse beeinflusst. In der Regel soll kalte Luft von außen zu- und Warmluft aus dem Keller abgeführt werden. Außerdem können durch die Zufuhr von Frischluft auch die gasförmigen Stoffwechselprodukte entfernt werden, die auf Obst und Gemüse reifebeschleunigend wirken.

Landwirtschaftliche Vorratslager sind in drei Kategorien eingeteilt. Sie unterscheiden sich durch die Art der Kühlung und damit durch ihre bauliche Beschaffenheit und ihren apparativen Aufwand:

- *Frischluftlager*
  Im Frischluftlager wird den pflanzlichen Produkten kalte Außenluft zum Abkühlen und Frischhalten zugeführt. Diese Art der Kühlung wird durch den natürlichen Auftrieb der Warmluft bei gleichzeitigem Nachströmen von Kaltluft erreicht. Im Prinzip können dabei zwei Belüftungsarten unterschieden werden, die Schwerkraftbelüftung und die Zwangsbelüftung. Im ersten Fall, bei der Schwerkraftbelüftung, die auch freie Lüftung genannt wird, entsteht die Luftbewegung einzig durch den natürlichen Auftrieb der Warmluft. Dabei ist kein apparativer Aufwand erforderlich und es wird keine Energie verbraucht (Abb. 3.55). Bei der Zwangsbelüftung wird die Luft hauptsächlich durch einen Ventilator bewegt (Abb. 3.56).
- *Maschinengekühltes Lager*
  Die Temperatur des Lagerraumes wird hier mit Kühlaggregaten unabhängig von der Witterung auf einem für das Lagergut optimalen Wert gehalten (Abb. 3.58).
- *„CA - Lager“*
  Auch im CA-Lager (CA= controlled atmosphere) werden die Temperaturen durch Kältemaschinen gesteuert, zusätzlich wird auch die Zusammensetzung der Luft verändert.

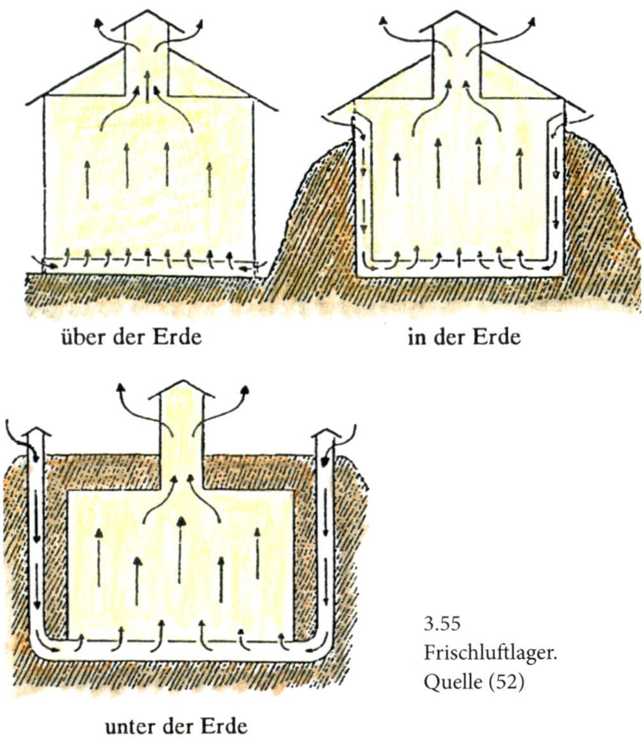

3.55
Frischluftlager.
Quelle (52)

3.56
Abluftrohr mit Ventilator.
Quelle (53)

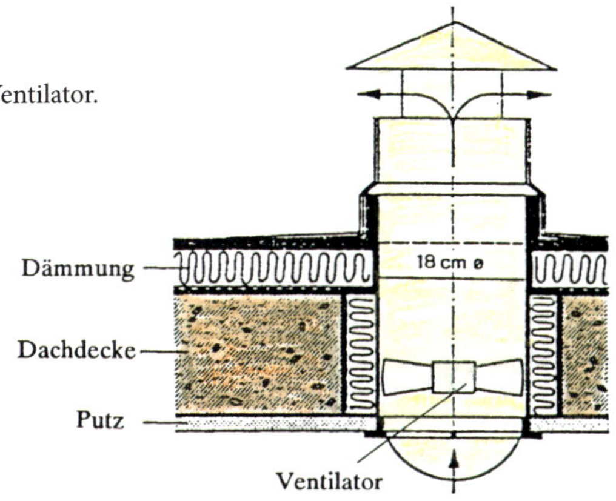

3.57: Seit mindestens 20 Jahren tut dieser Gewölbekeller im Freizeitheim Schönblick /Schwäbisch Gmünd seine Dienste.
Foto: Firma Neuschwander

Durch die Konzentration der landwirtschaftlichen Produktion ist die verlustarme, längstmögliche Lagerung von Obst und Gemüse ein überaus wichtiger wirtschaftlicher Faktor. Je besser die Klimaelemente Temperatur, Feuchtigkeit und Luftbewegung in Griff zu bekommen sind, desto weniger Unwägbarkeiten ist das Lagergut ausgesetzt (Abb. 3.59 und 3.60). Im Erwerbsgartenbau gelten die vergleichsweise wenig steuerbaren frischluftgekühlten Lager deshalb auch als Behelfslager. Denn nur durch Maschinenkühlung ist es möglich, unabhängig vom Außenklima konstant niedrige Lagertemperaturen zu erreichen. Die zum Teil beträchtlichen Anschaffungs- und Betriebskosten für diese Vorratslager werden in Form von höheren Preisen für Obst und Gemüse auf die Verbraucher umgelegt.
Für Gastronomie, Läden und Nebenerwerbsbetriebe sind seit etlichen Jahren kleine, mit Kühlaggregaten versehene Vorratsräume in Fertigbauweise am Markt erhältlich. Sie sind ohne Zweifel dort zweckmäßig, wo Obst, Gemüse und Getränke nicht anders frischgelagert werden können. Für die private Vorratshaltung sind jedoch nach wie vor naturgekühlte Kellerräume die sinnvollste Einrichtung. Deshalb wird im Folgenden auf die Luftkühlung durch Kühlaggregate nicht weiter eingegangen.

Freie Lüftung

Die Kühlung durch natürliche oder freie Lüftung erfolgt, wie oben erwähnt, nach dem Schwerkraftprinzip, indem warme (= leichtere) Luft aufsteigt und kühlere (= schwerere) Luft nachströmt. So kann eine ständige Luftbewegung erreicht werden, vorausgesetzt die Temperaturen zwischen innen und außen sind unterschiedlich.
Das Prinzip der Kühlung durch freie Lüftung wird z.B. seit Jahrhunderten zur natürlichen Klimatisierung von Behausungen unter der Erde angewandt, einer Bauform, die in südlichen Ländern vor Wärme besser schützt als es bei den oberirdischen Gebäuden der Fall ist.
In Abb. 3.61 ist eine unter der Erde angelegte »kiva« zu sehen, wie sie bei Indianerstämmen in Arizona / USA, gebräuchlich war. Kaltluft wurde in einen Schacht in die Erde und z.T. entlang des Bodens (wodurch sich die Luft noch weiter abkühlte) von unten dem Raum zugeleitet, während die Warmluft an der höchsten Stelle abgeführt wurde. Die hochsteigende Luft zieht dabei kühlere durch die untere Öffnung ein.

3.58
Apparative Ausstattungsmöglichkeit maschinengekühlter Lager.
Quelle (52)

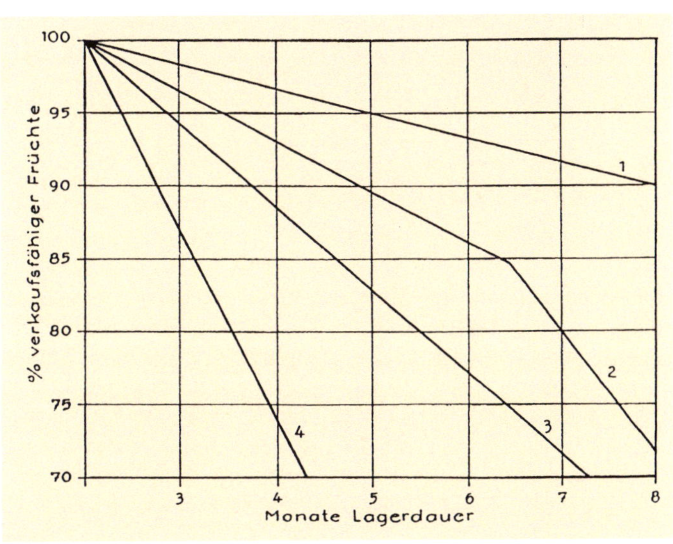

3.59
Anteil verkaufsfähiger Früchte der Sorte „Boskoop" in Abhängigkeit vom Lagerverfahren.
Quelle (4)
1 Gaslager
2 Kühllager + Wäsche
3 Kühllager
4 Normallager

		Varianten der Frischluftkühlung			
		1	2	3	4
Steuerungsmöglichkeiten im Lagerraum	Verbindung mit der Außenluft	Ununterbrochen außer bei Frost			nicht bei extremen Temperaturen
	Temperatursenkung bzw. -steuerung	Luftaustausch durch Schacht an der Decke	Luftaustausch durch Deckenventilator mit Handsteuerung	Deckenventilator mit Steuerung durch Differentialthermostat	Deckenventilator und Ventilator an der Luftwäsche
	Luftbewegung im Raum	Natürlicher Warmluftanstieg	Ventilator	Ventilator	Ventilator
	Luftbefeuchtung durch	Außenluft oder Bodenbefeuchtung von Hand	Außenluft oder Bodenbefeuchtung von Hand	Außenluft oder Bodenbefeuchtung von Hand	Außenluft oder Luftwäsche
	Aromastoffbeseitigung durch	Luftaustausch	Luftaustausch	Luftaustausch	Luftaustausch und Luftwäsche
Beeinflussung der Lagerfaktoren bei verschiedenen Außenbedingungen	Bewegung der Lagerluft	⊖	○	○/● [2]	●
	Reinigung der Lagerluft	⊖	○	○/● [1]	●/●● [1]
	Lagertemperatur:				
	Einlagerung warm	⊖⊖	⊖	⊖	⊖/○
	Einlagerung kühl	⊖	○	○	○/● [1]
	in warmen Wintern	⊖	⊖	⊖	⊖
	kühlen Wintern	○	○	●	●
	Luftfeuchte bei:				
	trockenem Herbst	⊖⊖	⊖	⊖	○/● [1]
	feuchtem Winter	○/● [1]	●/●● [1]	●/●● [1]	●●
	feuchtem Frühjahr	○	○	●	●●
	Aromastoffbeseitigung				
	bei Einlagerung	⊖	○	○	●
	im Winter	⊖/○ [1]	○/● [1]	○/● [1]	●/●● [1]
Einfluss auf die Frucht	Relative Lagerdauer	⊖/⊖ [1]	⊖/○ [1]	⊖/○ [1]	○
	Fruchtwelke	⊖⊖/○ [1]	⊖/○ [1]	⊖/○ [1]	●/●● [1]
	Schalenbräune	⊖	○	○/● [1]	●●
	Fäulnisbefall	⊖⊖/○ [1]	⊖/○ [1]	⊖/○ [1]	○/● [1]

3.60: Beeinflussung der Lagerfaktoren und Lagerfähigkeit durch verschiedene Lagerverfahren. Quelle (52)

Zeichenerklärung:
Einfluss auf die Lagerfähigkeit: •• günstig; • ziemlich günstig; ○ befriedigend; ⊖ ziemlich ungünstig; ⊖⊖ ungünstig
[1] Je nach Verhältnissen bzw. Aggregat unterschiedlich. [2] Je nach Sorte unterschiedlich

Eine seit Urzeiten von Nomaden benutzte sehr ähnliche Art der Luftkühlung zeigt Abb. 3.62. Hierbei wird ein poröses Gefäß mit Wasser (A) auf einen Filter mit Holzkohlen (C) in die Mitte eines Lufteinlasses (B) gesetzt. Die zur Verdunstung des Wasser notwenige Wärme wird der Luft entnommen, so dass die Luft gekühlt und gefiltert ins Haus gelangt.

Auf dem Prinzip der freien Lüftung beruhen alle traditionellen baulichen Einrichtungen zur Kühllagerung von Lebensmitteln, von der einfachen Erdmiete bis zum recht aufwendigen Eiskeller (siehe S. 28). Manchmal wurde dabei die Verdunstungskälte genutzt, wie z.B. bei dem „Kühlschrank ohne Eis“ (siehe S. 134) oder bei den sogenannten „Krebser Kellern“, bei denen die Zuluft über feuchtes Moos geführt wurde. „Gelingt es, die zugeführte Frischluft zu befeuchten, z.B. über eine nasse Wand oder durch Zerstäuben von Wasser im Zuluftkanal, kann die Außenluft bei niedriger relativer Luftfeuchte abgekühlt und damit der Kühleffekt vergrößert werden. Wird z.B. Luft von 15°C und 40% rel. Feuchte auf 80% rel. Feuchte angehoben, dann kühlt sie sich dabei auf 4°C ab“. (30).
Selbst wenn die Frischlagerung mit natürlicher Luftumwälzung im Vergleich zu den erheblich aufwendigeren maschinengekühlten Lagern nicht so zuverlässige Ergebnisse bringt, zeigen die folgenden Beispiele, dass sie immer noch, auch in größerem Maßstab angewandt wird.

Das Schema einer Schwerkraftbelüftung für ein Kartoffellagerhaus ist aus Abb. 3.63 zu ersehen. Die kalte Luft tritt seitlich am Boden des Gebäudes in einen Luftkanal ein, der durch

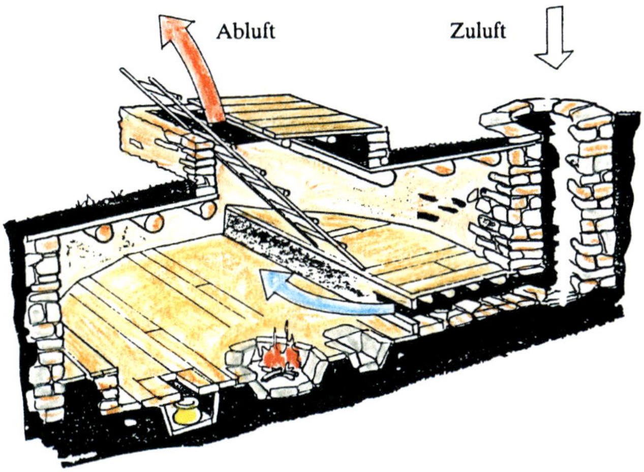

3.61: Be- und Entlüftung unter der Erde angelegter Behausungen in Arizona/USA. Quelle (54)

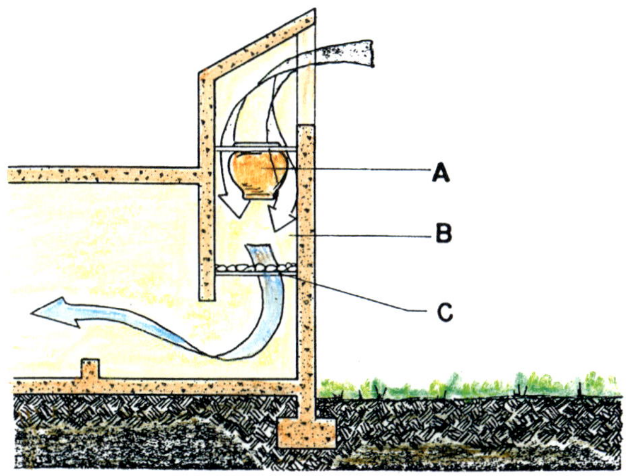

3.62: Luftkühlung durch Verdunstungskälte. Quelle (55)

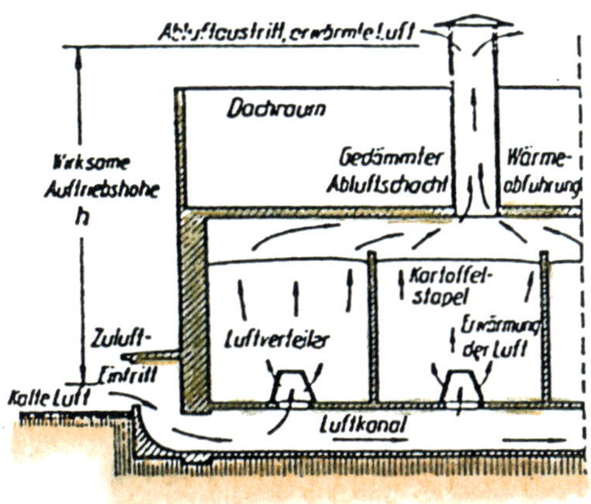

3.63: Wirkungsweise und Prinzip der Schwerkraftbelüftung. Quelle (14)

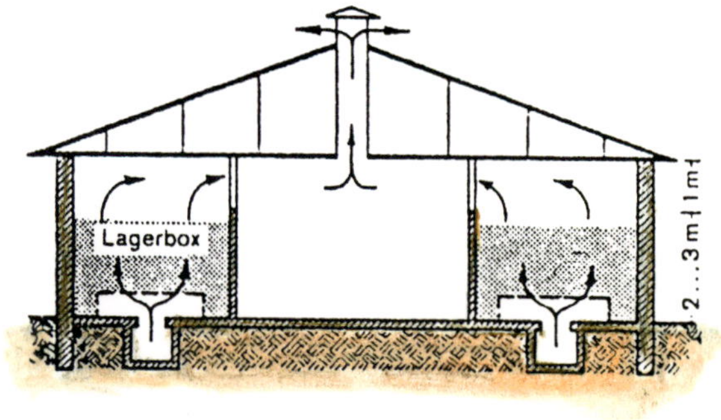

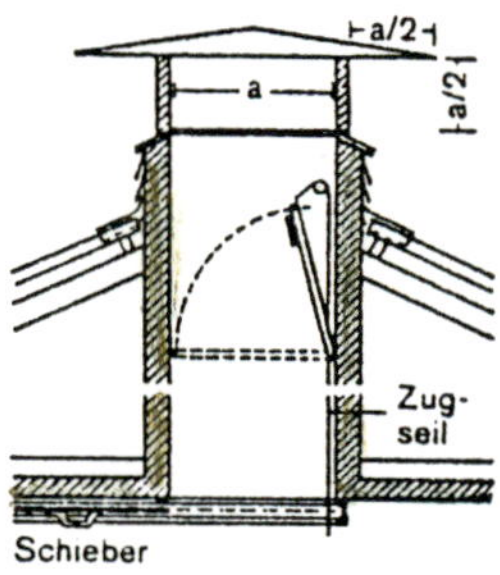

3.64 Lüftung im Kartoffellagerhaus. Quelle (53)
links: mit Zuluftkanal und Abluft durch natürlichen Auftrieb (Abluftschacht);
rechts: Regulierung der Abluft durch Klappe über Zugseil oder Regulierschieber.

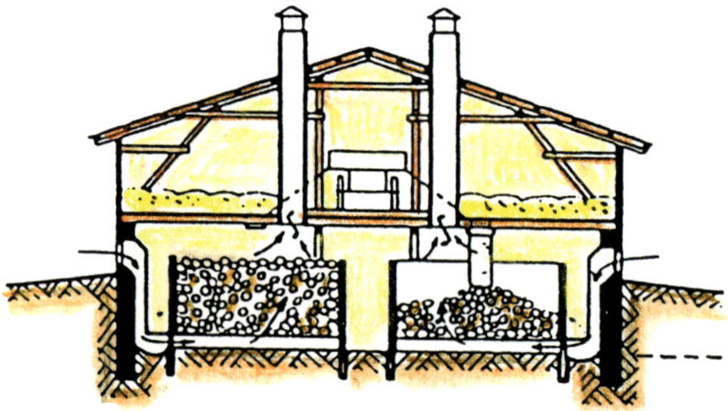

3.65: Be- und Entlüftung in einem zweigeschossigen Gemüselager. Quelle (56)

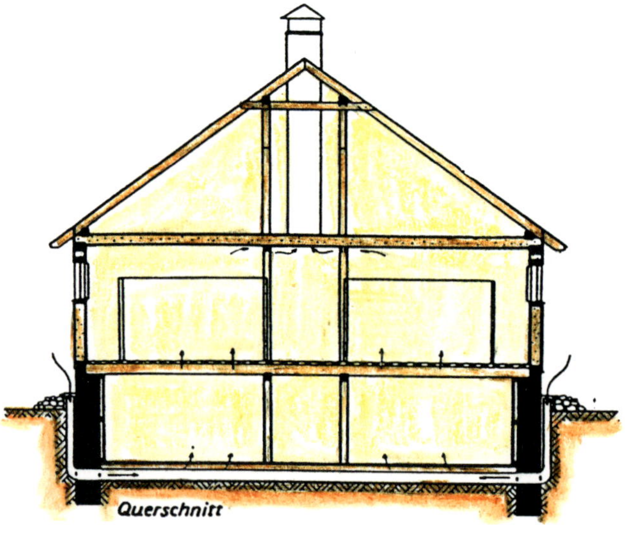

3.66: Zweigeschossiges Gemüselager mit Lüftung unterhalb des Kellerfußbodens und durch den Erdgeschossfußboden. Quelle (56)

Luken mit Verteilungsschächten verbunden ist. Die Luft streicht durch den Kartoffelstapel, erwärmt sich dabei und wird durch einen Schornstein im Dach abgeführt.

Abb. 3.64 zeigt die Anordnung eines weiteren Kartoffellagerhauses mit Zuluftkanal im Boden und Entlüftung durch natürlichen Auftrieb (Abluftschacht). Die Abluft lässt sich z.B. durch eine Klappe über ein Zugseil oder durch einen Schieber an der Unterseite des Abluftrohrs regulieren.

Bei dem zweigeschossigen, teilweise in das Gelände eingebaute Kartoffellagerhaus (Abb. 3.65) wird kühle Außenluft über Luken in der Außenwand eingeführt und über Schächte zum Boden geleitet. Das Obergeschoss des Kartoffellagerhauses dient zum Abtrocknen der frisch geernteten Kartoffeln, das Untergeschoss zur Dauerlagerung.

Bei dem ebenfalls zweigeschossigen Gemüselager in Abb. 3.66 wird die Zuluft zwecks zusätzlicher Abkühlung senkrecht vor der Außenwand bis unterhalb des Kellerbodens geführt. Gemüsearten, die auch bei höheren Temperaturen gelagert werden können, sind hier im Erdgeschoss aufbewahrt, dessen Fußboden luftdurchlässig ist.

Abb. 3.67 zeigt einen Freilandkeller zur Obstlagerung. Er ist 30 m^2 groß, 2,60 m hoch und hat zusätzlich einen

6 m² großen Vorraum, der als Wärmepufferzone ebenso nützlich ist wie als Stapelplatz für Versandgut oder Lagerkisten. Diese Art von gemauertem oder betoniertem Keller hat sich im Alpenland bewährt. In ihnen können ca. 100 dz Obst (1 dz = 100 kg) gelagert werden. Sie haben 2 Zuluft- und 2 Abluftschächte (Abluftquerschnitt jeweils 45 x 45 cm).

Aus diesen Beispielen ist die bauliche Anordnung der Be- und Entlüftungsrohre oder -schächte zu ersehen und auch, dass sie prinzipiell immer gleich ist. So wird die Zuluft zum Boden des Vorratslagers geführt, während die wärmere Raumluft durch in der Decke oder durch nahe der Decke angebrachte Abluftöffnungen abgeführt wird (siehe Abb. 3.55). Die Ansaugöffnung für die Außenluft sollte dabei stets im Schatten liegen, möglichst auf der Nordseite. Voraussetzung für einen Luftaustausch ist ein Druckunterschied zwischen innen und außen, der zum einen durch Temperaturunterschiede, zum anderen aber auch durch Wind bewirkt wird. Wind kann den Luftwechsel erheblich verstärken, z.B. wenn die Zuluftöffnung im Luv (Stauseite) und die Abluftöffnung im Lee (Sogseite) des Gebäudes liegen. Die Lage der Be- und Entlüftungsöffnungen zur Hauptwindrichtung sollte deshalb beim Bau von frischluftgekühlten Vorratshäusern berücksichtigt werden. Abb. 3.68 zeigt ein ebenerdiges Kartoffellager jütländischer Bauart, dessen Giebel mit den Be- und Entlüftungsöffnungen gegen die Hauptwindrichtung gestellt sind, so

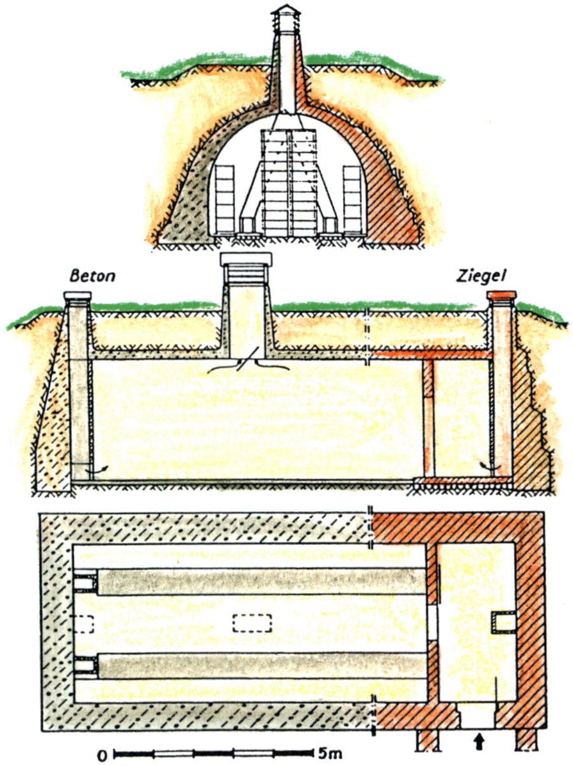

3.67: Be- und Entlüftung eines Freilandkellers zur Obstlagerung. Ausführung in Ziegel oder Beton. Quelle (56)

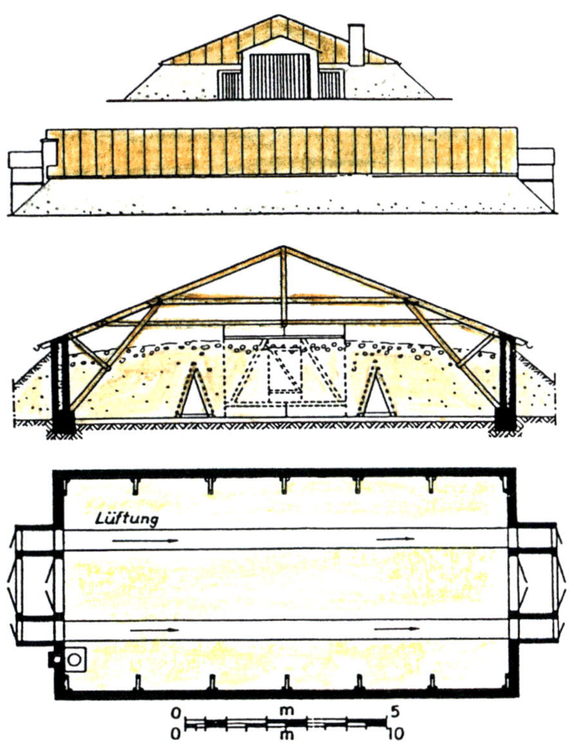

3.68
Kartoffellager mit Winddurchlüftung (Jütländische Bauart). Die Giebel sind gegen die Hauptwindrichtung gestellt. Quelle (56)

dass kalte Luft in den Raum gedrückt wird (Abb. 3.69).

Der Luftaustausch wird bei freier Lüftung verstärkt, wenn die Abluft durch einen über das Dach geführten Schacht entweichen kann (Abb. 3.70), so dass der gesamte Raum unter Unterdruck steht (Kaminwirkung). Nach *Recknagel* (57) stellen sich (theoretisch) in solchen Schächten bei verschiedenen Schachtquerschnitten und ungehinderter Strömung etwa die in Abb. 3.71 dargestellten Luftgeschwindigkeiten ein. Aus dieser Abbildung ist zu ersehen, dass die Luftgeschwindigkeit bei einer gleichen Temperaturdifferenz umso höher ist, je größer die Länge des Schachtes und damit die Auftriebshöhe h ist. Bei einer gegebenen Schachthöhe h kann die stündliche Luftwechselrate aus der Luftgeschwindigkeit multipliziert mit dem Schachtquerschnitt und dem Raumvolumen errechnet werden. Bei einer Schachthöhe von beispielsweise 5 m, einer Schachtseitenlänge von 20 cm und einer Temperaturdifferenz von 1°C zwischen innen und außen würde nach diesem Diagramm die Luftgeschwindigkeit bei etwa 3 m/sec liegen, was z.B. bei 20 m^3 Raumvolumen zu einem theoretischen Luftdurchsatz von ca. 43 m^3/h führt, entsprechend einer Luftwechselrate von etwas größer als zwei. Bei einer Temperaturdifferenz von 9°C zwischen innen und außen würde der stündliche Luftumsatz auf das Dreifache ansteigen.

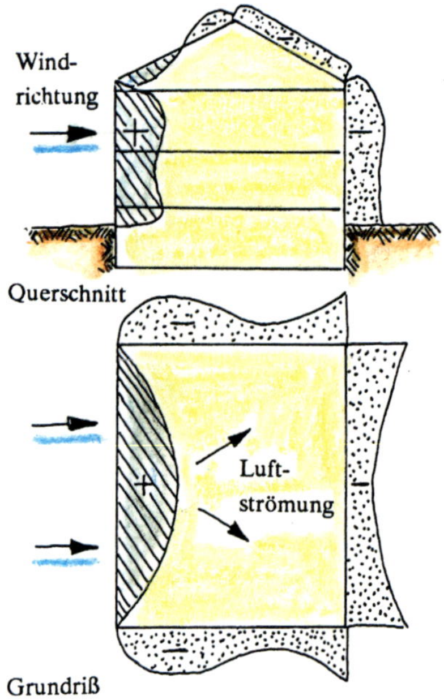

3.69
Möglichkeiten der Lufterneuerung in einem Raum durch Windanfall: Querlüftung

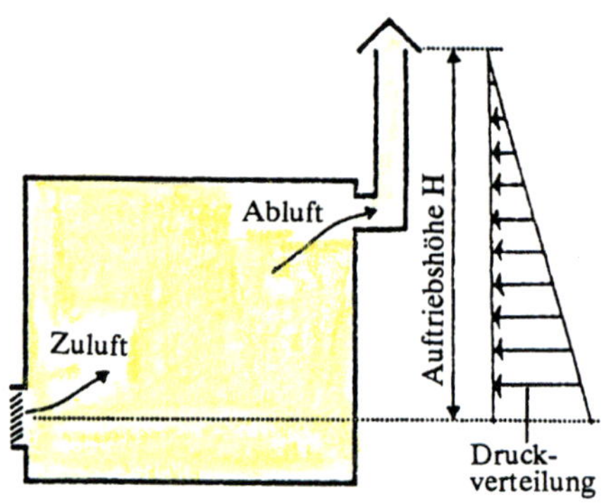

3.70
Schema der Schachtlüftung.
Ein Luftwechsel tritt nur auf, wenn die Luft außen kälter ist als innen. Bei Temperaturgleichheit ist keine Luftbewegung möglich. Im Sommer, wenn es draußen wärmer als innen ist, kehrt sich die Bewegungsrichtung der Luft um, und durch den Schacht dringt warme Luft ein. Quelle (57)

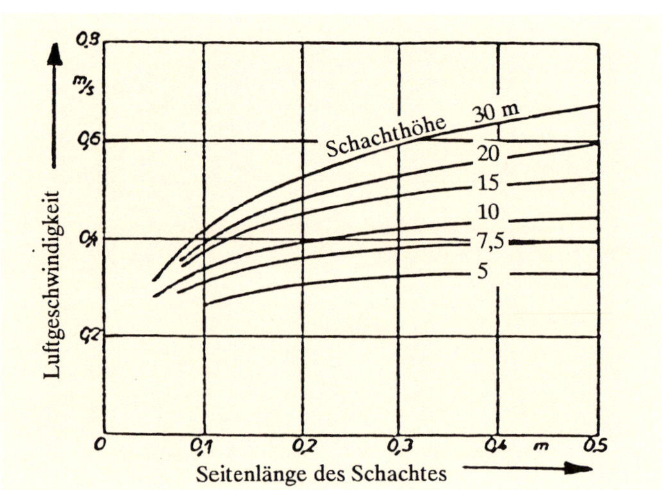

3.71
Auftriebsgeschwindigkeit in quadratischen Luftschächten bei ΔT = 1°C Temperaturunterschied. Quelle (57)

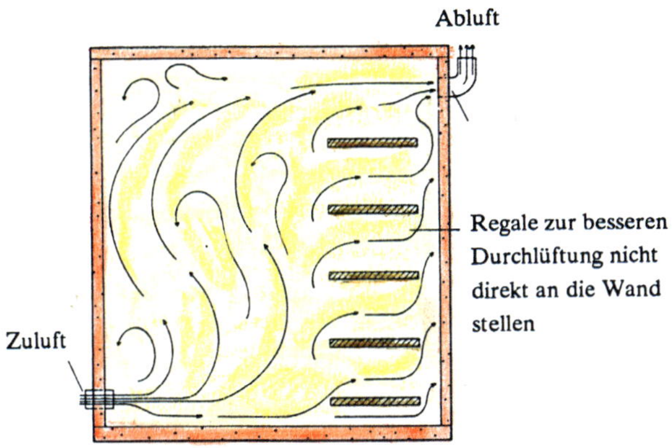

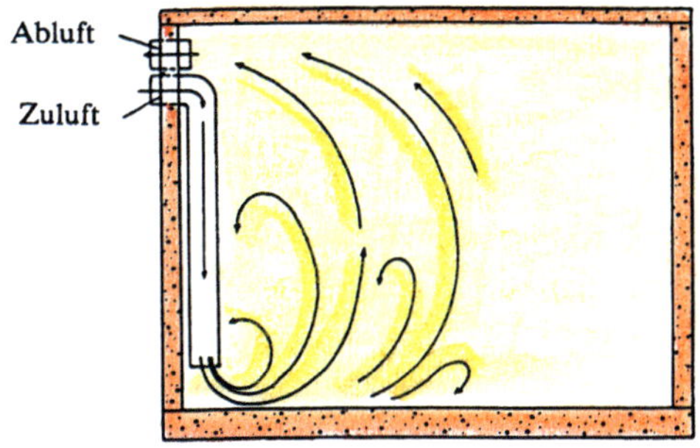

Nun lassen sich diese Angaben, theoretisch für oberirdische Bauten mit einer bestimmten Schachtlänge zutreffend, nicht ohne weiteres auf Räume im Erdreich übertragen.
Bei Vorratsräumen im Erdreich dürfte der Wind zur Beschleunigung des Luftwechsels nicht so bedeutend sein, da sie meist weniger dem direkten Luftstrom ausgesetzt sind als höherliegende Räume.

Die freie Lüftung hängt in ihrer Leistung sehr von Zufälligkeiten ab. Zum einen wird der mögliche Luftwechsel stark von der jeweiligen Außenwitterung (Temperatur und Winddruck) bestimmt, zum anderen ist er natürlich von den Raumverhältnissen, den Mengen, der Art der gelagerten Lebensmittel usw. abhängig. Verständlicherweise ist es deshalb nicht möglich, hier detaillierte Empfehlungen für günstige Luftwechselraten zu geben. In der benutzten Literatur waren z.B. je nach Art des Lagers und seiner Beschickung Aussagen von einem 5- bis 10 fachen Austausch der Lagerraumluft täglich bis zu einem 15- bis 25 fachen Luftumsatz stündlich zu finden (der jedoch, wie oben beschrieben, durch freie Kühlung nicht zu erzielen ist).

3.72
links: Eine gleichmäßige Luftbewegung kann am ehesten erreicht werden, wenn die Luftein- und Austrittsöffnung im Raum diagonal angeordnet sind und das Lagergut luftumspült ist.
rechts: Liegen die Luftein- und die Austrittsöffnung auf der selben Seite, ist in größeren Lagerräumen die Luftbewegung nicht ausreichend.
Quelle (12)

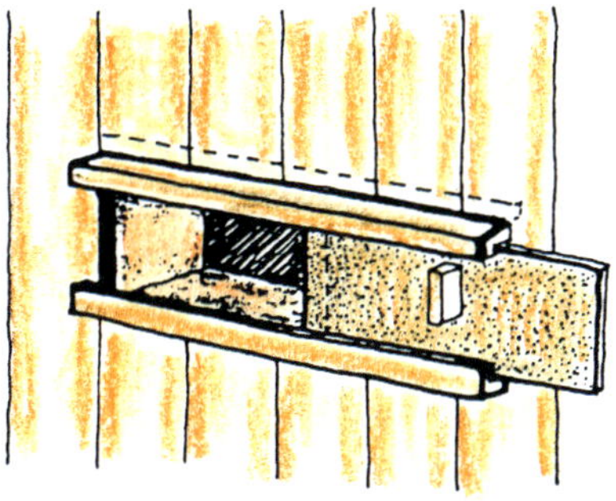

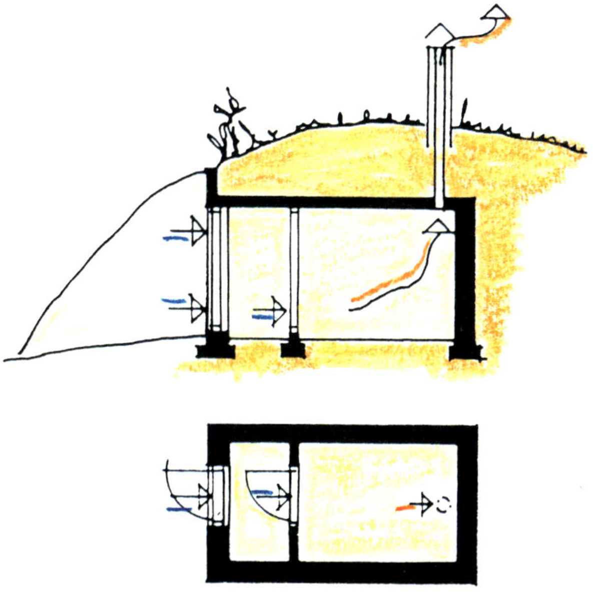

3.73
Luftführung in einem kleinen Freilandkeller. Die Zuluftöffnungen in den beiden Türen sind mit Fliegengitter bespannt und zur Regulierung mit wärmegedämmten Schiebern versehen. Quelle (49)

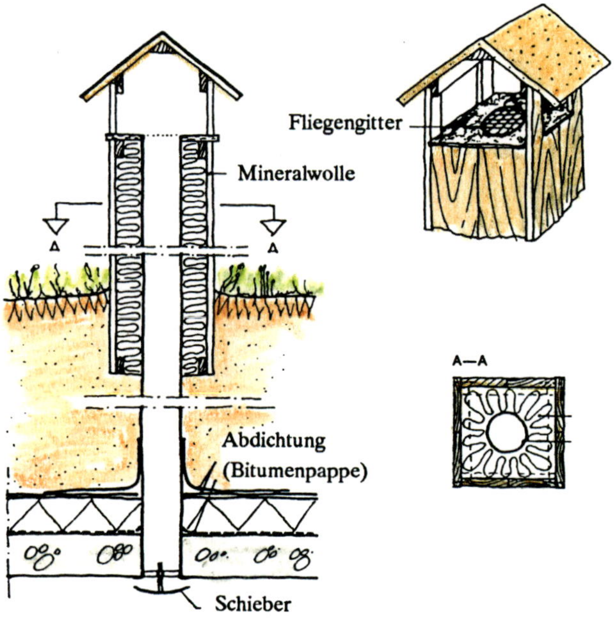

3.74
Um Kondensationsfeuchtigkeit an der Rohrinnenseite zu vermeiden, sollte das Entlüftungsrohr im oberen Bereich wärmegedämmt werden. Quelle (49)

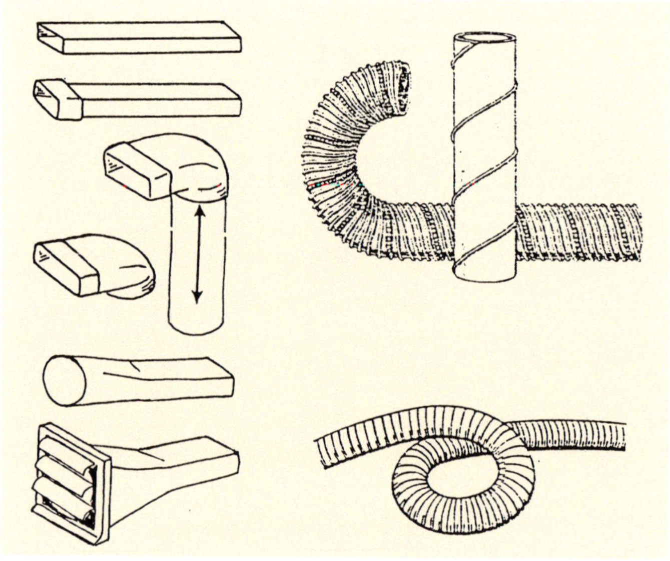

3.75
Rechteckige Lüftungskanäle und steife oder flexible Rohre in verschiedenen Größen sowie komplette Lüftungssysteme sind im Sanitärhandel und in Baumärkten erhältlich.

Sicher ist, dass bei ungenügender Lüftung die Fruchtreife und damit auch die Fruchtfäule beschleunigt werden, eine zu starke Luftgeschwindigkeit wiederum wirkt auf die eingelagerten Feldfrüchte austrocknend. Am besten werden deshalb die Zu- und Abluftkanäle großzügig bemessen und der Luftstrom nach eigenem Beobachten durch Klappen, Schiebern usw. je nach Bedarf reguliert. Für Vorratsräume bis 5 m² Grundfläche sollten Be- und Entlüftungsrohre mit einem Durchmesser von mindestens 10 bis 12 cm vorgesehen werden, bei größeren Vorratsräumen muss der Durchmesser entsprechend mehr betragen. Zu beachten ist, dass der freie Querschnitt durch das Anbringen von Schutzgittern ja auch noch vermindert wird.
Außer bei Frostwetter wird im Allgemeinen nur ein Luftwechsel gewünscht, wenn die Luft außen kälter ist als innen. Der größte Kühlbedarf besteht im Herbst, wenn die Ernte eingebracht worden ist, und die hohe Eigenwärme- und Feuchtigkeitsabgabe des Erntegutes recht schnell abgeführt werden soll. Die Einlagerung geschieht nun gewöhnlich zu einer Zeit, in der die Außentemperaturen tagsüber noch so hoch sind, dass kein Kühleffekt durch Lüftung erreicht werden würde. Um die Temperatur im Keller zu senken, kann also nur nachts gelüftet werden, am Tage bleiben die Zu- und Abluftöffnungen verschlossen. Auch bei Frostwetter im Winter muss die Lüftung entsprechend eingeschränkt und vielleicht zeitweise ganz eingestellt werden, um Frostschäden am Lagergut zu vermeiden.

Eine *gleichmäßige* Luftbewegung im Lagerraum verhindert größere Temperaturdifferenzen an verschiedenen

Stellen des Raumes und auch innerhalb des Lagergutes. Dies wird erreicht, indem die Luftein- und Austrittsöffnungen so einander zugeordnet werden, dass sie möglichst auf entgegengesetzten Seiten liegen (Abb. 3.72) und dass die Zuluft am besten breitflächig zugeführt wird. Deshalb ist es vorteilhaft, wenn das Lagergut auf luftumspülten Lattenrosten liegt.

Im Folgenden werden einige Möglichkeiten der Luftführung in kleinen Vorratskellern gezeigt, weitere sind den Beschreibungen gebauter Naturkeller in Kap. 4 (Seite 77 ff.) zu entnehmen.

Im freistehenden Erdkeller kann die Frischluft z.B. durch verschließbare Öffnungen im unteren Teil der Tür einströmen und die Abluft durch die Decke hindurch geführt werden (Abb. 3.73). Die Durchführung des Abluftrohres durch die Decke muss sehr sorgfältig abgedichtet werden, um nicht auf Dauer Feuchtigkeitsschäden zu erhalten. Die Schieber zur Regulierung des Luftstroms sollten wärmegedämmt werden, die Öffnungen selbst mit Maschendraht bespannt sein, um das Eindringen von Kleinlebewesen zu verhindern. Auch ist es sinnvoll, das Entlüftungsrohr oberhalb der Decke wärmezudämmen, da an der Rohrinnenseite sonst unter Umständen Kondensationsfeuchtigkeit entstehen kann, die dann herunter tropft. Um das Entlüftungsrohr ist deshalb ein Schacht aus 4 Brettern gebaut, und der Zwischenraum mit Dämmmaterial ausgefüllt

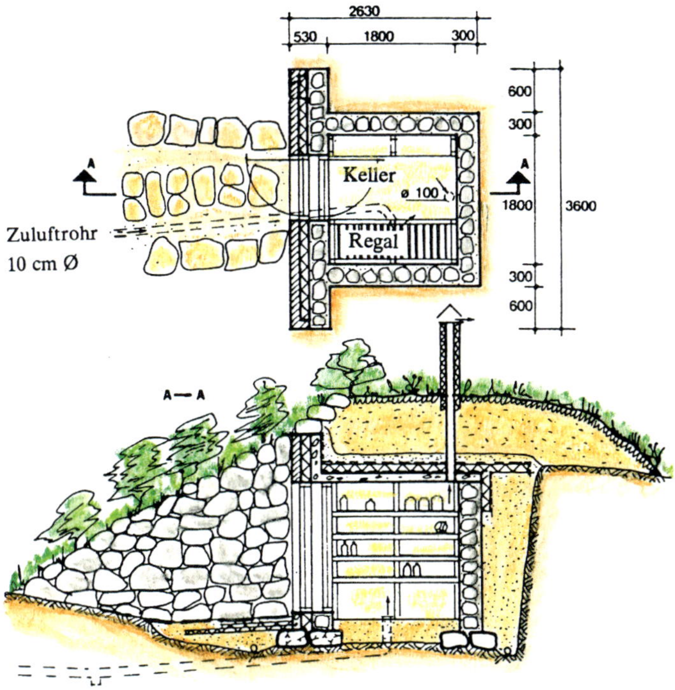

3.76: Vorkühlung der Zuluft durch Rohrverlauf im Erdreich. Quelle (49)

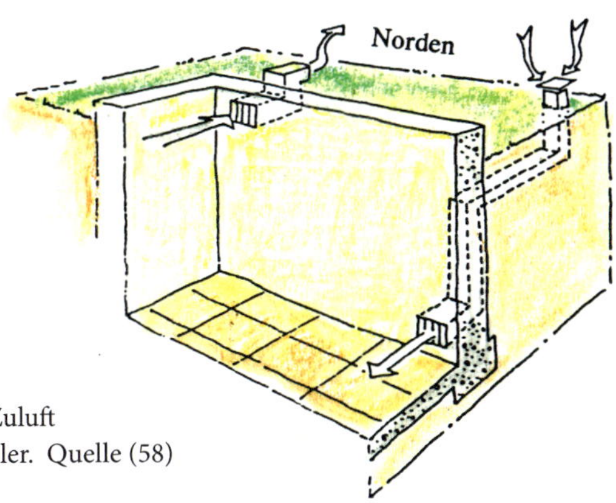

3.77
Vorkühlung der Zuluft
für einen Hauskeller. Quelle (58)

3.78
Schieber aus Sandstein zur Kellerlüftung eines alten Fachwerkhauses.
Foto: Claudia Ladener

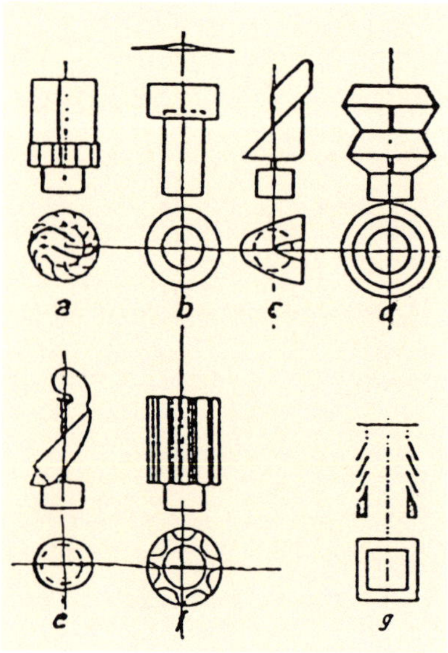

3.79
Verschiedene Lüftungsaufsätze (Sauger). Quelle (57)

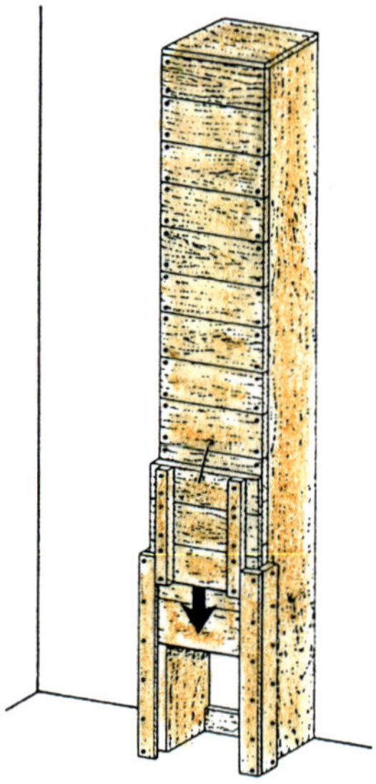

3.80
Lüftungsschacht mit hochgezogenem Schieber. Quelle (6)

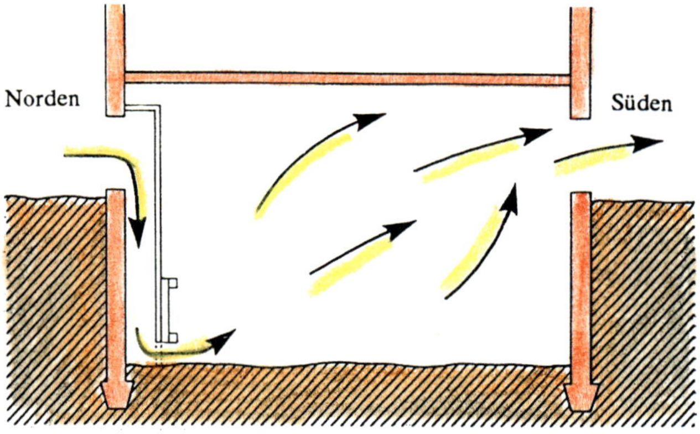

3.81: Schema der Kellerlüftung mit Hilfe des auf der Schattenseite angebrachten Lüftungsschachtes. Quelle (6)

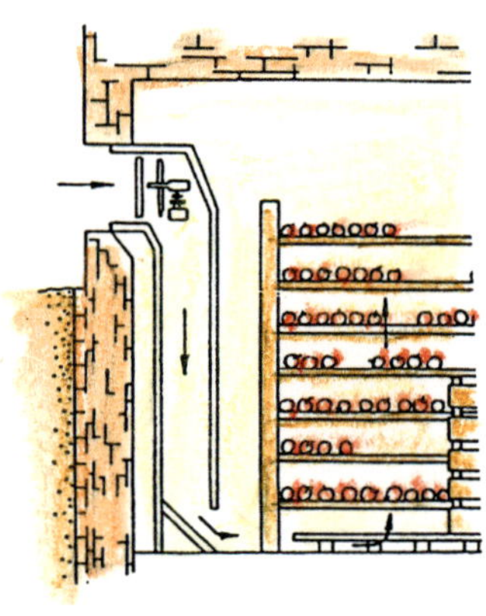

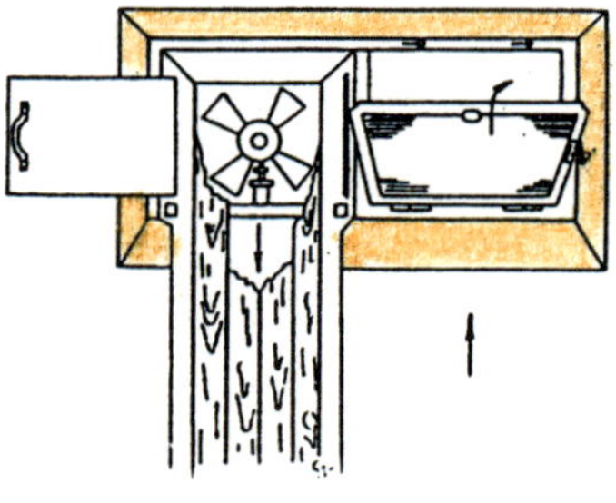

3.82: Ventilator im Zuluftschacht. Quelle (3)

(Abb. 3.74). Oben wird das Entlüftungsrohr mit Maschendraht gegen Nagetiere, Fliegen usw. abgedichtet und mit einer überstehenden Haube zur Regen- und Schneeableitung versehen. An der unteren Abluftöffnung sorgt ein Schieber für die Regulierung des Luftdurchsatzes.

Die Be- und Entlüftungskanäle können gemauert sein, aber auch aus Kunststoff, Metall usw. bestehen und einen runden, rechteckigen oder quadratischen Querschnitt haben. Im Sanitärhandel und in Baumärkten gibt es komplette Lüftungssysteme zu kaufen (Abb. 3.75), darüber hinaus sind auch Regenwasser- und Abwasserrohre geeignet.
Günstig, aber aufwendiger zu verlegen, ist die Frischluftzufuhr, wenn das Zuluftrohr einige Meter lang im Erdreich verläuft, da die Zuluft dadurch, zumindest in der warmen Jahreszeit, um ein paar °C vorgekühlt wird (Abb. 3.76).

Die Kühle des Erdreiches kann für die Frischluftzufuhr nicht nur bei freistehenden Erdkellern, sondern auch bei Hauskellern genutzt werden (Abb. 3.77).
Idealerweise könnte der Keller mit einem Abluftschacht versehen werden, der über das Dach geführt wird. Je nach dem, wie viel Stockwerke das Haus hat, kann die wirksame Auftriebshöhe h und damit die mögliche Luftwechselrate recht beachtlich sein. Eine weitere Verbesserung wird durch die Anordnung eines Lüftungsaufsatzes (Saugers) am oberen Ende des Schachtes erreicht. Diese Lüftungsaufsätze sind so geformt, dass bei Windanfall eine zusätzliche Saugwirkung auftritt, die den Luftauftrieb erhöht (Abb. 3.79).

Die über das Dach geführte Schachtentlüftung ist aufgrund des baulichen Aufwandes sicherlich eher bei einem Neubau sinnvoll. Bei einem bestehenden Kellerraum wird man versuchen, die Kellerfenster zur Be- und Entlüftung einzusetzen.
Abb. 3.80 zeigt einen Keller mit je einem Süd- und Nordfenster, eine für die Kellerkühlung sehr vorteilhafte Anordnung. Um das Nordfenster wird hier ein Lüftungsschacht aus Holz gebaut, durch dessen verstellbaren Schieber der Frischlufteinlass reguliert werden kann (Abb. 3.81). Ist die Außenluft kühler als die Innenluft, sinkt sie aufgrund ihres höheren spezifischen Gewichtes auf den Kellerboden und steigt von dort auf, während gleichzeitig verbrauchte wärmere Luft durch das Südfenster entweicht.

Verfügt der Kellerraum nur über ein einziges, wenn möglich nordseitiges Fenster, so kann die Be- und Entlüftung so erfolgen, dass in einem Fensterflügel ein flexibles Rohr (Durchmesser ca. 15 cm) eingebaut wird, das die Zuluft zum Boden führt, während durch den anderen Fensterflügel die Abluft entweichen kann (Abb. 3.82). Es ist leicht vorstellbar, dass der Luftaustausch bei dieser Anordnung vielleicht nicht so rege wie gewünscht sein wird. Sollte dies der Fall sein, kann die Luftbewegung und der Luftaustausch im Raum durch den Einbau eines kleinen Ventilator unterstützt werden, der entweder Frischluft ansaugt oder die verbrauchte Luft schneller abführt.
Wenn es möglich ist, sollte eine wirkungsvolle Be- und Entlüftung aber besser durch bauliche Maßnahmen geschaffen werden. Vielleicht können im ungenügend durchlüfteten Keller statt des Einsatzes eines strom-

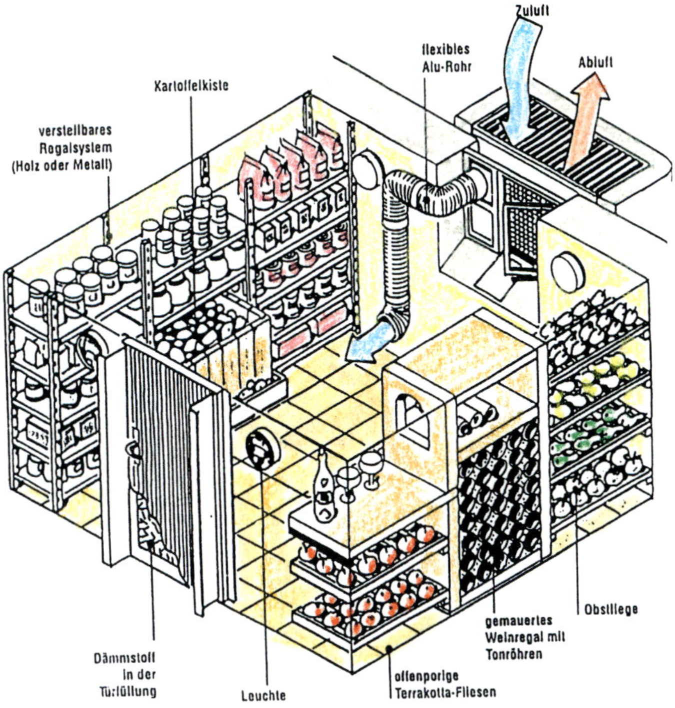

3.83
Kleiner Vorratskeller mit einem Zuluftrohr aus einem 15 cm flexiblen Aluschlauch. Es wäre günstiger, das Zuluftrohr ohne Knick nach unten zu führen. Quelle (60)

Alljährliche Reinigung

„Zur Raumhygiene gehört die alljährliche Reinigung von Kisten, Gestellen, Wänden und Böden, die sofort nach Beendigung der Lagersaison erfolgen sollte. Heißes Sodawasser, gefolgt von einem Spülen mit Brunnenwasser genügt in der Regel zur Reinigung von Holzteilen. Nachtrocknen an der Sonne ist empfohlen. Gegen Schimmel können die Wände und Decken alle 2-3 Jahre mit Weißkalk, dem 1% Kupferoxydchlorid beigemischt ist, behandelt werden. Für die Mauerbehandlung existieren auch länger dauernde nach der Anbringung geruchlos werdende Imprägniermittel. Müssen ausnahmsweise Desinfektionsmittel eingesetzt werden, sind ausschließlich solche zu verwenden, die für die Milchwirtschaft oder für Schwimmbäder bestimmt sind."
Aus: Mitteilungen der Eidg. Forschungsanstalt für Obst-, Wein- und Gartenbau Wädenswil, Flugschrift Nr. 108

Einrichtung Naturkeller

Holzgestelle für Obst sollten mit etwa 10 - 15 cm Wandabstand platziert und möglichst auf nichtsaugende Materialien wie Stein- oder Keramikplatten gestellt werden.

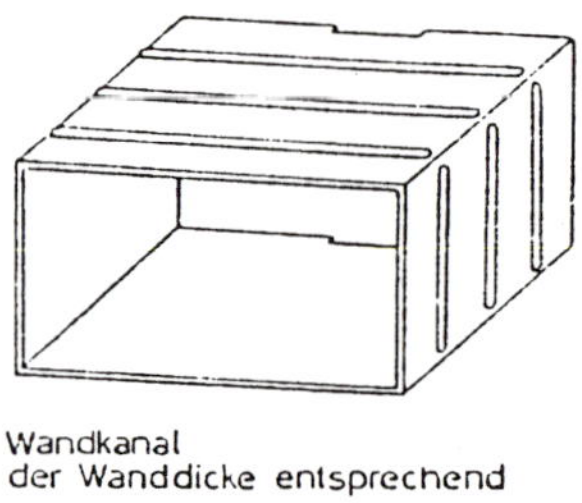

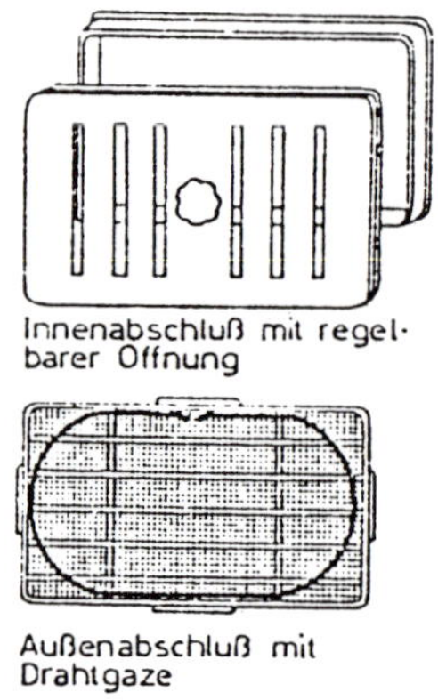

3.84
Speiseschrankentlüftung.
Quelle (28)

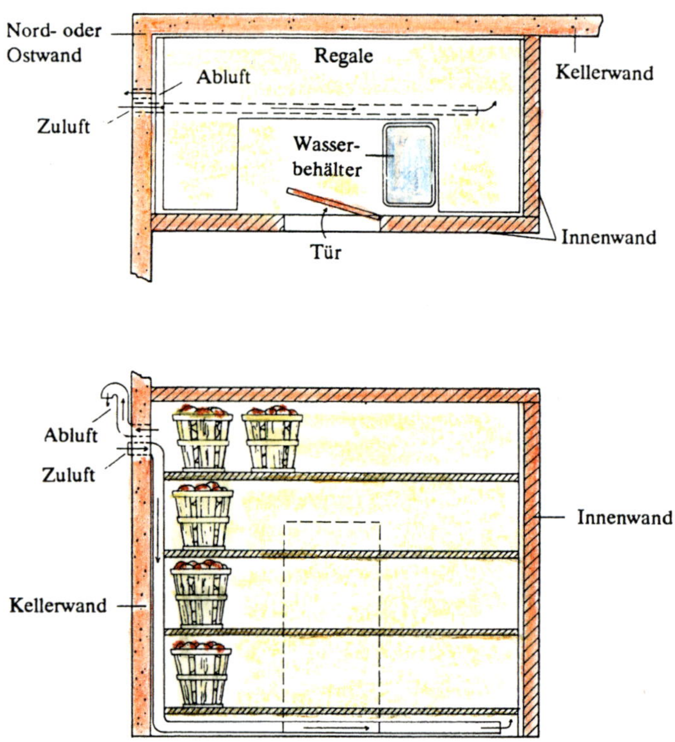

3.85
Führung der Zu- und Abluftrohre in der abgeteilten Kellerecke. Sollte die Luftfeuchtigkeit im Keller nicht ausreichend hoch sein, empfiehlt es sich, flache Wasserschalen aufzustellen. Quelle (12)

verbrauchenden Ventilators mehrere Lüftungsschlitze in der Außenwand angebracht werden? Diese regelbaren Lüftungsschlitze sind bei Speisekammern üblich (Abb. 3.84).

Steht für die Vorratslagerung nur eine fensterlose Raumecke im Keller zur Verfügung, so kann sie durch wärmegedämmte Leichtbauwände abgeteilt werden und die Zuluft über ein Rohr erhalten, das ebenso wie das darüberliegende Abluftrohr durch die Außenwand geführt wird (Abb. 3.85). Um eine bessere Durchlüftung zu erhalten, wird das Zuluftrohr entlang des Bodens bis zur gegenüberliegenden Raumseite geführt.

Weitere Möglichkeiten zur Frischlagerung von Obst und Gemüse im und am Haus

Abb. 3.86 zeigt einen kleinen Hochkeller mit je einer Nische für Kartoffeln und Gemüse sowie darüberliegender Speisekammer, eine Anordnung, wie sie früher zuweilen in kleinen Siedlungshäusern anzutreffen war. Platzsparend ist die Treppenkonstruktion: Wird das Treppenstück zur Speisekammer hochgeklappt, kann man in den Keller steigen.
Wer einen Keller mit zwei Zugängen besitzt, könnte den Kellerzugang, der nach draußen führt, gut isolieren und die Kellertreppe als Vorratslager nutzen, wenn der Treppenaufgang oben wärmegedämmt und wasserdicht verschlossen wird (Abb. 3.87). Wer keinen Keller, aber z. B. einen ebenerdigen, unbeheizten Abstellraum oder dergl. hat, kann ein Vorratsfach im Boden einbauen (Abb. 3.88). Dazu wird der Fußboden aufgestemmt, das Erdreich ausgehoben

und ein Schacht gemauert, der ähnlich aussieht wie die Kanäle für Heizkörper, die in Fußböden eingelassen sind. Die Breite kann z.B. der eines Bierkastens entsprechen, die Tiefe sollte nicht mehr als 50 cm betragen.

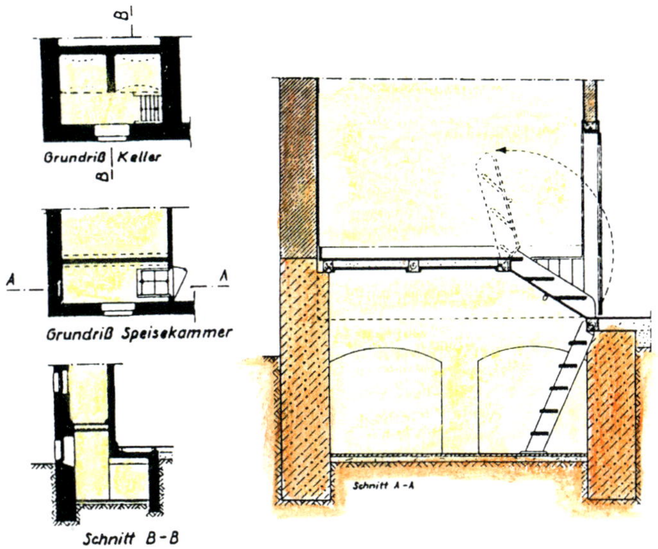

3.86
Kleiner Hochkeller mit Kartoffel- und Gemüsenischen und darüberliegender Speisekammer. Quelle (56)

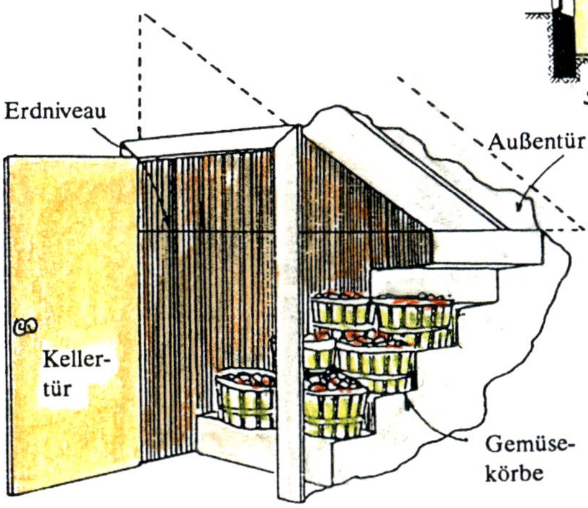

3.87
Kelleraußentreppe als Lagerplatz. Quelle (62)

Weinkeller-Kurzanleitung: Richtige Lagerung von Wein

Lagertemperaturen von 10 bis 12 °C sind ideal. Bei einer Lagerdauer nicht länger als 1 Jahr kann Wein auch wärmer, möglichst aber unter 20°C gelagert werden, sonst könnten thermolabile Inhaltsstoffe, wie z.B. Eiweiß, ausfallen. Temperaturschwankungen von mehr als +/- 5°C möglichst vermeiden, denn diese – vor allem schnelle Temperaturschwankungen – beeinflussen den Qualitätszustand der Weine erheblich und lassen ihn rascher altern. Auch Licht kann Wein altern lassen, deshalb die Flaschen am besten dunkel lagern. Zu niedrige Lagertemperaturen verzögern die Ausreifung des Weines. Da Rotweine höhere Lagertemperaturen als Weißweine vertragen, bietet es sich an, die natürliche Thermik im Weinkeller zu nutzen, also Rotweine unten und Weiß- bzw. Roséweine oben in den Regalen zu lagern.
Eine gute Belüftung des Weinkellers ist wichtig, damit kein Geruch entsteht, der sich womöglich auf die Flaschen übertragen könnte. Deshalb Wein nicht zusammen mit stark geruchsausdünstenden Lebensmitteln aufbewahren.
Bei langer Lagerung sollte die relative Luftfeuchtigkeit mehr als 50% betragen. Bei zu geringer Luftfeuchtigkeit können die Korken austrocknen und dadurch undicht werden, bei einer Luftfeuchtigkeit über 80% besteht die Gefahr, dass Weinkorken und Etiketten schimmeln. Wein mit Korkgeschmack durch Schimmelpilze ist nicht mehr trinkbar!
Weinflaschen immer liegend lagern, damit der Korken innen benetzt bleibt und möglichst erschütterungsfrei (d.h. nicht an verkehrsreichen Straßen mit Schwerverkehr).
Ungefähre Lagerzeiten:
Dunkle, kräftige Rotweine: mindestens 6 Jahre
Weißweine: 3 - 5 Jahre
Rosé-Weine: mindestens 5 Jahre
Sehr süße Weine: 15 Jahre und länger

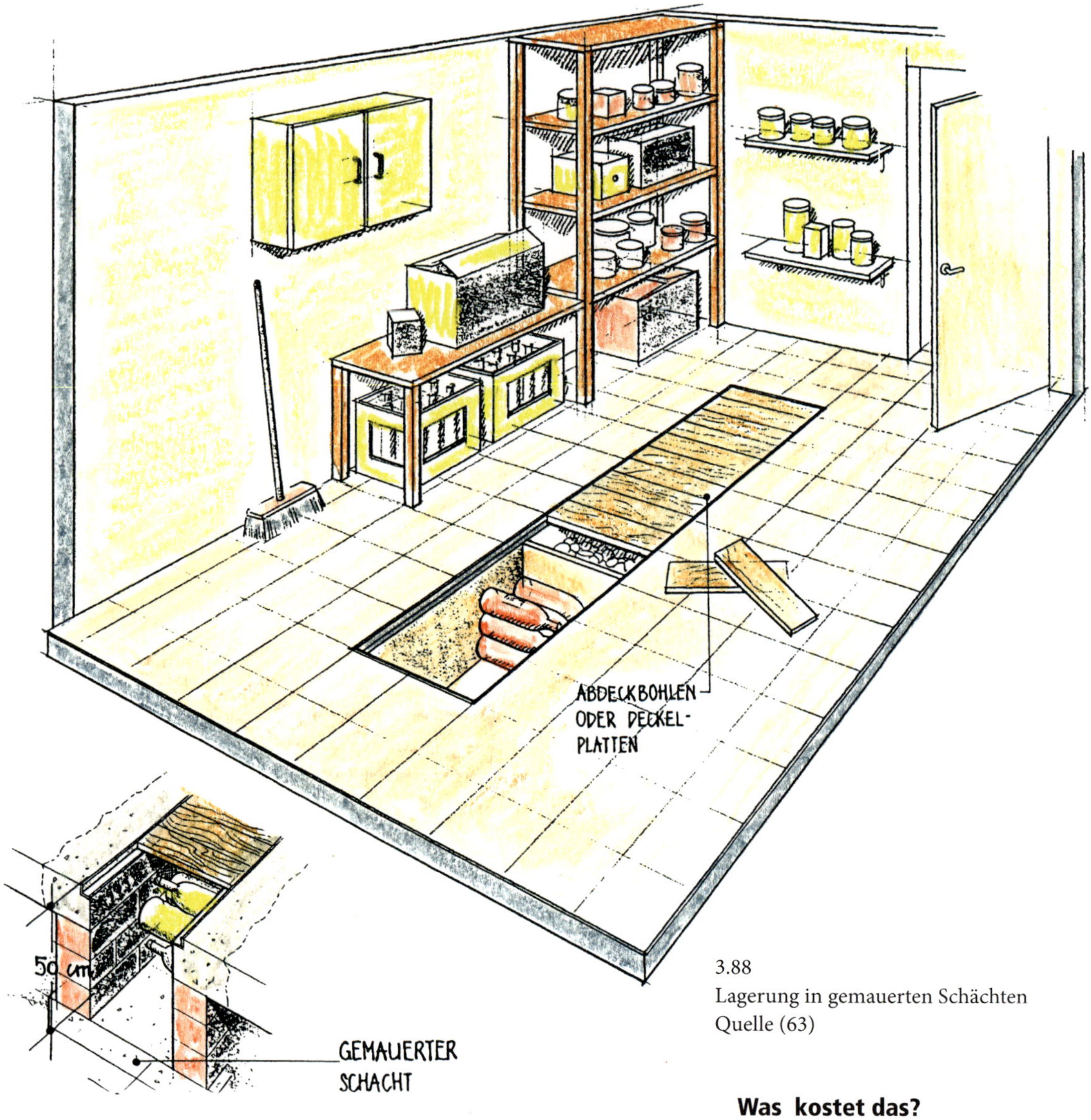

3.88
Lagerung in gemauerten Schächten
Quelle (63)

Vorschlag 2

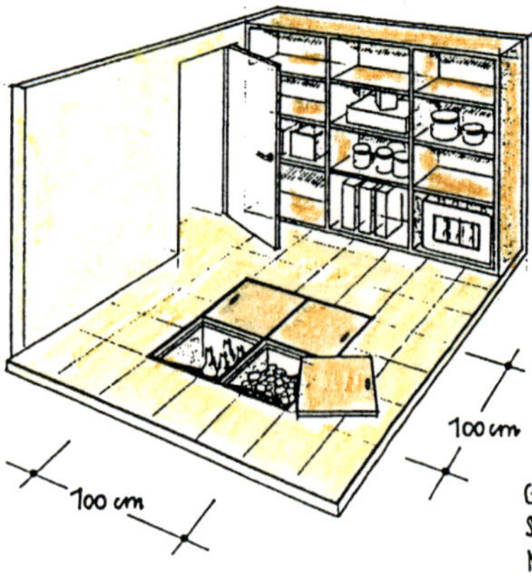

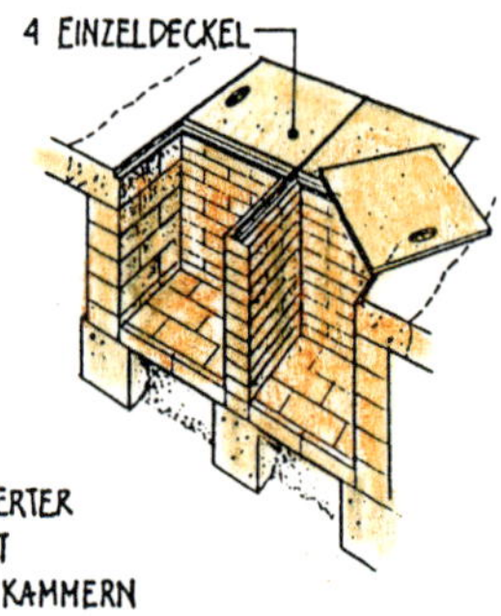

Was kostet das?

- Aufstemmen von 1,5 Quadratmeter Estrich und Betonsohle; Ausgraben von ca. 1 Kubikmeter Erdreich sowie Abfuhr der Erde und des Bauschutts. Pauschal ca. 400 €.
- Aufmauern der Seitenwände für einen 3 Meter langen und 50 cm tiefen Schacht aus 17,5 cm dickem Mauerwerk und Einbringen einer 8 cm dicken Betonsohle inkl. Verputzen der Wände ca. 500 €.
- Holzdeckel (begehbar) aus 30 mm dicken Holzbohlen, verschraubt mit Sperrholz. Für 5 Stück 50 x 50 cm ca. 250 €.

4 Beispiele gebauter Naturkeller

Vom Warmkeller zum Kühlkeller: Vorratskeller nachträglich gebaut

Bernhard Nixdorf

Nach Jahrzehnten, in denen die meisten von uns glaubten, dass die Vorräte genügten, die im Kühl-, Gefrier- und Küchenschrank aufbewahrt werden und ihr Obst und Gemüse nur kiloweise kauften, wird heute wieder mehr und mehr der früher selbstverständliche Vorratskeller entdeckt. Kühle und Feuchtigkeit sind für ihn Voraussetzung.
Keller für Vorräte, wie sie unsere Großeltern gewohnt waren, sind heute nur noch selten zu finden. Durch Ausbau oder Umbau oder durch die Installation einer Zentralheizung sind diese Vorratskeller verschwunden, oft, weil sie gar nicht mehr gebraucht wurden, noch häufiger aber, weil der Einbau einer zentralen Heizungsanlage solche Keller funktionsuntüchtig machte. Sie wurden zu warm, und die gelagerten Früchte verdarben.
Was aber soll der Hausbesitzer tun, der einen Nutzgarten betreibt und sein selbstangebautes Gemüse, seine Kartoffeln, sein Lagerobst den Winter hindurch möglichst bis zum Frühjahr hinein aufbewahren möchte? Fangen doch bei normalen Kellerräumen die Kartoffeln schon im Dezember zu keimen an, und die Möhren und die anderen Gartenfrüchte vertrocknen, wenn sie nicht gar faulen.

Die folgende Anleitung zeigt, wie auch nachträglich ein zu warmer Keller so umgebaut werden kann, dass er für die Vorratslagerung geeignet ist.
Wer Kartoffeln und Äpfeln lagern möchte, sollte von vornherein zwei Kellerräume einplanen: einen für Kartoffeln und einen für die Äpfel, denn die Kartoffeln beeinträchtigen die Äpfel in ihrem Geschmack.

Entscheidend bei einem richtigen Lagerkeller ist, dass die Wärme der angrenzenden Räume abgehalten, und eine entsprechende Luftfeuch-

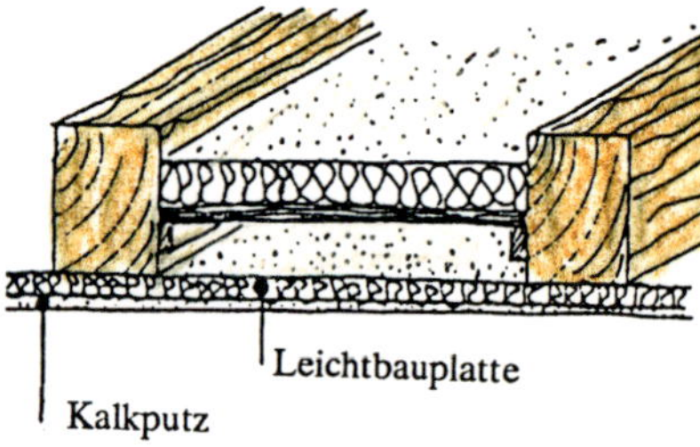

①

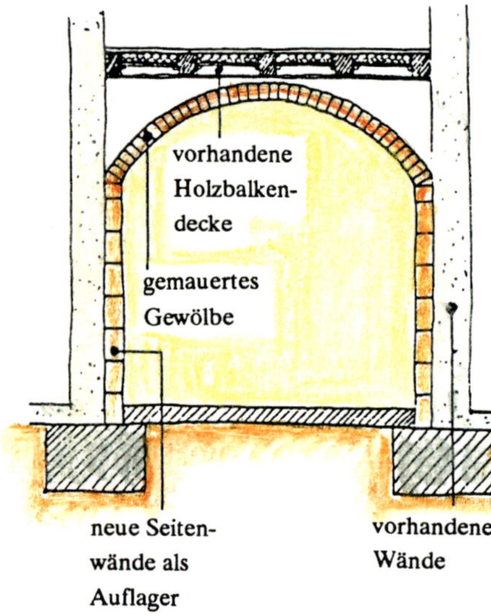

②

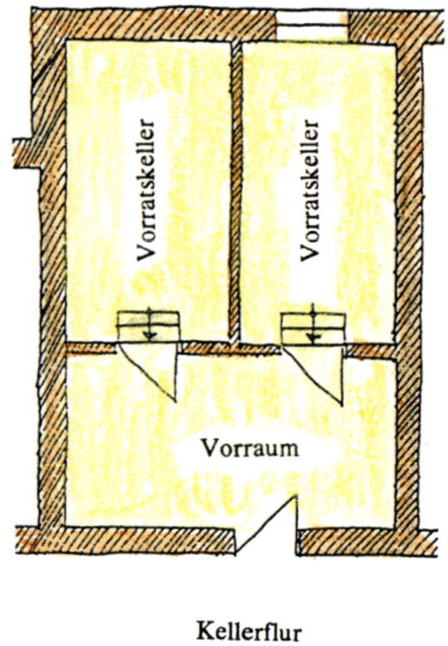

③

te erreicht wird. Deshalb muss beim Umbau eines normalen Kellers zu einem Lagerkeller zuerst überlegt werden, wie die Wärme am günstigsten abzuhalten ist.
Dabei kann schon entscheidend sein, wie man den Keller aufteilt. Ist der Raum ausreichend groß, könnte er z.B. in zwei kleine Keller unterteilt werden. Ist der Kellerflur durch die Heizungsanlage zu warm, empfiehlt es sich, einen Vorraum zu schaffen (Abb. 3), der als Pufferzone dient. Genutzt werden könnte dieser Vorraum z.B. für die Lagerung von Eingekochtem.
Bei der Aufteilung der Räume ist auch zu berücksichtigen, wieviel Tageslicht eindringt. Ratsam ist, als Kartoffelkeller einen Raum ohne Tageslicht zu wählen, damit die Früchte nicht vorzeitig keimen. Für Decke, Wände und Böden sollten Materialien verwendet werden, die Feuchtigkeit gut speichern können.
Welche Materialien gewählt werden und wie dabei vorgegangen wird, ist letztlich eine Frage des Aufwandes, zu dem man bereit ist.
Am einfachsten ist es, an Decke und Wände Leichtbauplatten anzubringen, zum Beispiel Heraklithplatten, und sie mit einem Kalkputz zu versehen (Abb. 1).
Besser ist eine massive Decke, besonders dann, wenn die vorhandene Decke aus einer Holzkonstruktion besteht. Wirkungsvoll ist hier eine gemauerte Kellerdecke aus Ziegelsteinen, wobei allerdings der Aufwand recht groß ist, da aus statischen Gründen ein Gewölbe entstehen muss.
Am zweckmäßigsten wird hierfür im Keller eine zweite Mauer vor die Wände gesetzt, die als Auflager für das Gewölbe dient (Abb. 2). Diese Arbeit, vor allem wenn sie nachträglich ausgeführt wird, erfordert schon einige Fachkenntnisse. Es ist aber möglich, Vorarbeiten zu über-

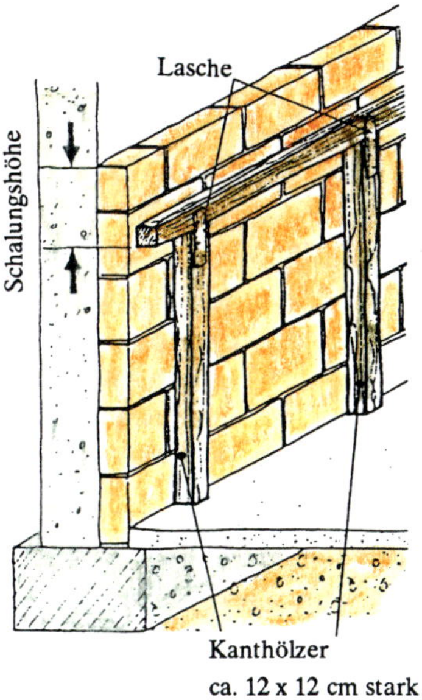

(4)

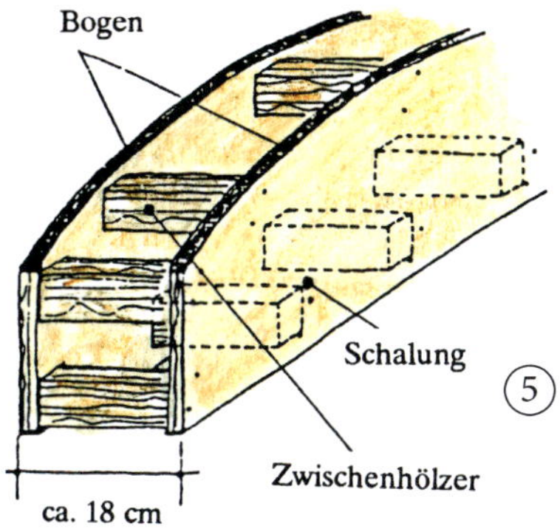

(5)

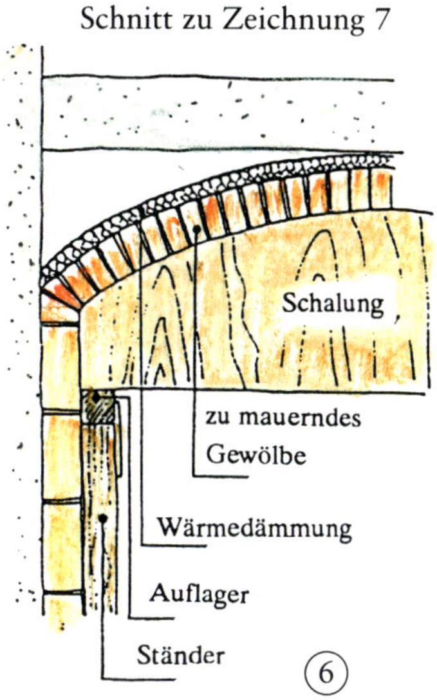

(6)

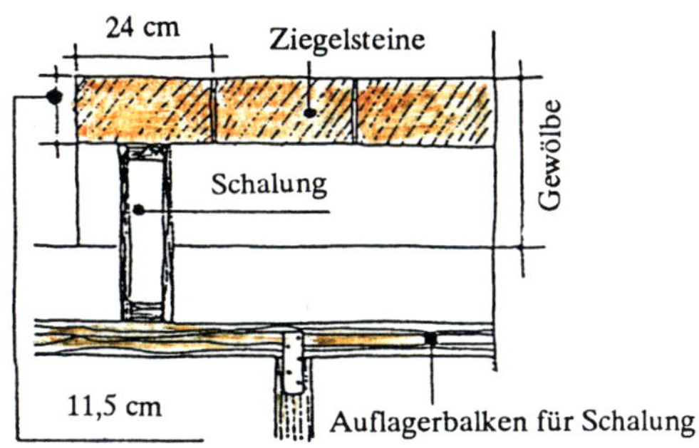

(7)

(8)

nehmen und bei den Maurerarbeiten, mit denen ein Handwerker beauftragt wird, gewisse Hilfsarbeiten zu leisten.

Bei einem Keller, der neu gebaut wird, würde eine Holzschalung gefertigt und auf diese von oben das Gewölbe gemauert werden. Da bei einem vorhandenen Keller das Arbeiten von oben nicht möglich ist, muss man anders vorgehen: man mauert nur auf einem Schalungsstreifen.

Dabei ist zuerst an den gemauerten Seitenwänden ein Auflager für die Schalung zu schaffen (Abb. 4). Zweckmäßig dafür ist ein Kantholz (ca. 12 x 12 cm), das durch weitere Kanthölzer gegen den Fußboden abgestützt ist. Die Höhe der Kanthölzer an beiden Seiten ergibt sich durch die Materialstärke der Ziegelsteine (5,5 cm), die Höhe der Schalung und die Wölbung der Decke.

Für die Schalung verwendet man am besten zwei Tischlerplatten. Sie werden so ausgeschnitten, dass sie genau die untere Wölbung der Decke haben und in der Länge zwischen die Wände passen. Auf jeder Wandseite sind ca. 1 cm Luft zu berücksichtigen.

Die beiden Platten sind so miteinander zu verbinden, dass sich eine Stärke von ca. 18 cm ergibt. Am einfachsten ist dies durch Klötzchen erreichbar, die dazwischen genagelt werden (Abb. 5).

Die Schalung ist dann an der hinteren Wand aufzulegen und darüber die erste Steinschicht zu mauern (Abb. 6 und 7). Danach zieht man die Schalung um eine Steinlänge vor und

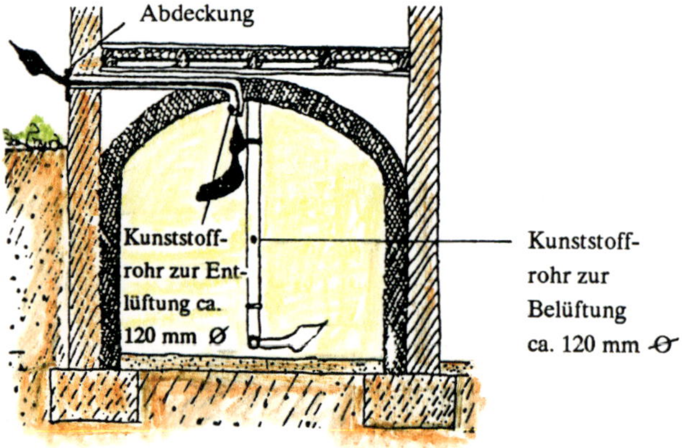

⑨

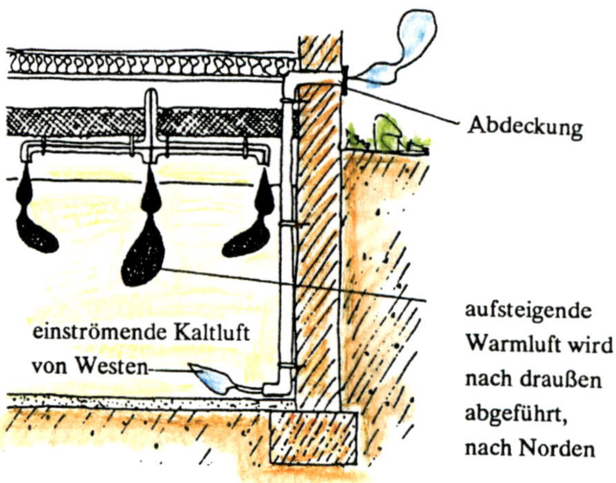

⑩

mauert die nächste Reihe auf. Es ist angebracht, über die Ziegel noch eine ca. 4 cm starke Mineralfaser-Dämmmatte (ersatzweise Kork) zur besseren Wärmedämmung zu legen.
Wichtig für die Lagerfrüchte ist eine gewisse Erdfeuchte. Hat der vorhandene Keller einen Betonboden, dann könnte in der Mitte des Raumes eine Vertiefung gegraben werden, ca. 50 cm tief.
Zu überlegen ist, ob ein solcher Keller nicht außerhalb des Hauses seinen Platz finden könnte, eventuell mit einem Anbau oder einer Garage verbunden. So ist es möglich, sofern es der Grundwasserstand zulässt, dass der Keller gleich entsprechend tief in der Erde angelegt wird.

Der Fußbodenaufbau über dem Erdreich sollte so beschaffen sein, dass er die Erdfeuchte gut aufnimmt. Zu berücksichtigen ist allerdings das Grundwasser, auf jeden Fall sollte außerhalb des Kellers eine Dränage im Erdreich liegen, die das Wasser abführt. Auf das Erdreich, auf den gewachsenen Boden also, wird eine ca. 5 cm starke Kalkschotterschicht geschüttet. Darauf kommt eine etwa 5 cm starke Sandschicht, auf die dann Ziegelvollsteine gelegt werden. Die Fugen können danach mit Kalkmörtel oder Sand ausgefugt werden (Abb. 8).

Sehr wesentlich ist die Be- und Entlüftung des oder der Keller. Der erste Keller kann durch ein Fenster belüftet werden. Der zweite Keller, der Kartoffelkeller, in den kein Tageslicht fallen sollte, lässt sich über Rohre entlüften. Dies ist schon bei der Planung zu beachten. Es sind zwei Rohrleitungen einzubauen, ein Rohr für die Belüftung und eines für die Entlüftung. Der Lufteintritt sollte auf der Westseite liegen, so dass der Wind die Frischluft hineindrückt. Das Rohr für die Abluft dagegen ist so anzuordnen, dass sich die Öffnung auf der Nordseite befindet, damit der vorbeistreichende Wind die warme, aufsteigende Luft heraussaugen kann. Das Belüftungsrohr ist möglichst bis auf den Kellerboden zu führen, das Entlüftungsrohr beginnt unterhalb der Decke. Von außen muss auf beiden Rohrstutzen zum Schutz vor unliebsamen Gästen ein engmaschiges Gitter aufgebracht werden.
Der Pflanzenbewuchs außen sollte die Öffnungen für den Luftein- und Luftaustritt nicht verdecken (Abb. 9 und 10).

Naturkeller unter einer Werkstatt

August und Veronika Jäger

Nachdem wir die drei Kellerräume unseres 1928 gebauten Hauses auf den „neuesten Stand" gebracht, d.h. die Bruchsteinwände trockengelegt, die Stampflehmböden entfernt und eine Zentralheizung eingebaut hatten, zeigten sich schnell die Konsequenzen: Unsere Kartoffeln bereiteten sich bereits Weihnachten mit spannenlangen Keimen auf den Frühling vor, die Äpfel hatten zur selben Zeit Tennisballqualität, und der Hausschlachter wurde für die ranzigen, hohlen Dauerwürste verantwortlich gemacht.
Nach der Erweiterung unseres Gartens stellte sich die Frage nach einer neuen Lagerstätte für unsere Früchte dann irgendwann dringend. Ein Anbau an eine Garage auf unserem Grundstück, vorgesehen als Werkstatt, sollte deshalb als Unterkellerung einen Naturkeller erhalten. Die Planung des Kellers gestaltete sich einfach, musste er doch lediglich so konzipiert werden, wie wir ihn im Haus vor der „Modernisierung" angetroffen hatten!
Die Wände wurden mit Bruchsandstein als einhüftiges, einhäuptiges Mauerwerk errichtet, d.h. wir haben die Baugrube ohne Arbeitsraum ausgeschachtet und das Mauerwerk (ca. 40 cm Kerndicke) gegen die senkrechte Abschachtung nur an einer Seite (der Innenseite) nach der Schnur aufgemauert (Abb. 3). Dies ist sehr preiswert und materialsparend, aber nur dann möglich, wenn der vorgefundene Boden senkrecht abzuschachten ist und keine Gefahr besteht, dass er einbricht. Denn das würde nicht nur zu Mehrarbeit führen, sondern bei tieferen Baugruben auch zu einer Gefahr für Menschen und die Konstruktion. In unserem Fall betrug die Ausschachtungstiefe 1,25 m nach Abtrag einer ca. 25 cm dicken Schicht Mutterbodens.
Nach DIN 18300 ist allgemein ein Arbeitsraum von 50 cm vorgeschrieben. Der Winkel der Abböschung (β) richtet sich nach der Bodenart und dem Wassergehalt (siehe Abb. 3). Bei Regen, im Frühjahr und Spätherbst ist die Gefahr des Böschungseinbruchs allgemein sehr groß. Mit der Aufmauerung der Kellerwände muss sofort nach dem Ausschachten begonnen werden, weil aufgerissener Boden natürlich leicht erodiert.
Das Steinmaterial holten wir aus Kippen und von Steinhaufen an Wegrainen. Ein Frontlader mit Schaufel erleichtert die Knochenarbeit beim Aufladen dabei erheblich.
Wichtig für Bruchsteinmauerwerk ist der Verband, d.h. es müssen „Binder" eingebaut werden. Diese Stei-

1 Unter diesem Werkstattanbau befindet sich der Naturkeller.

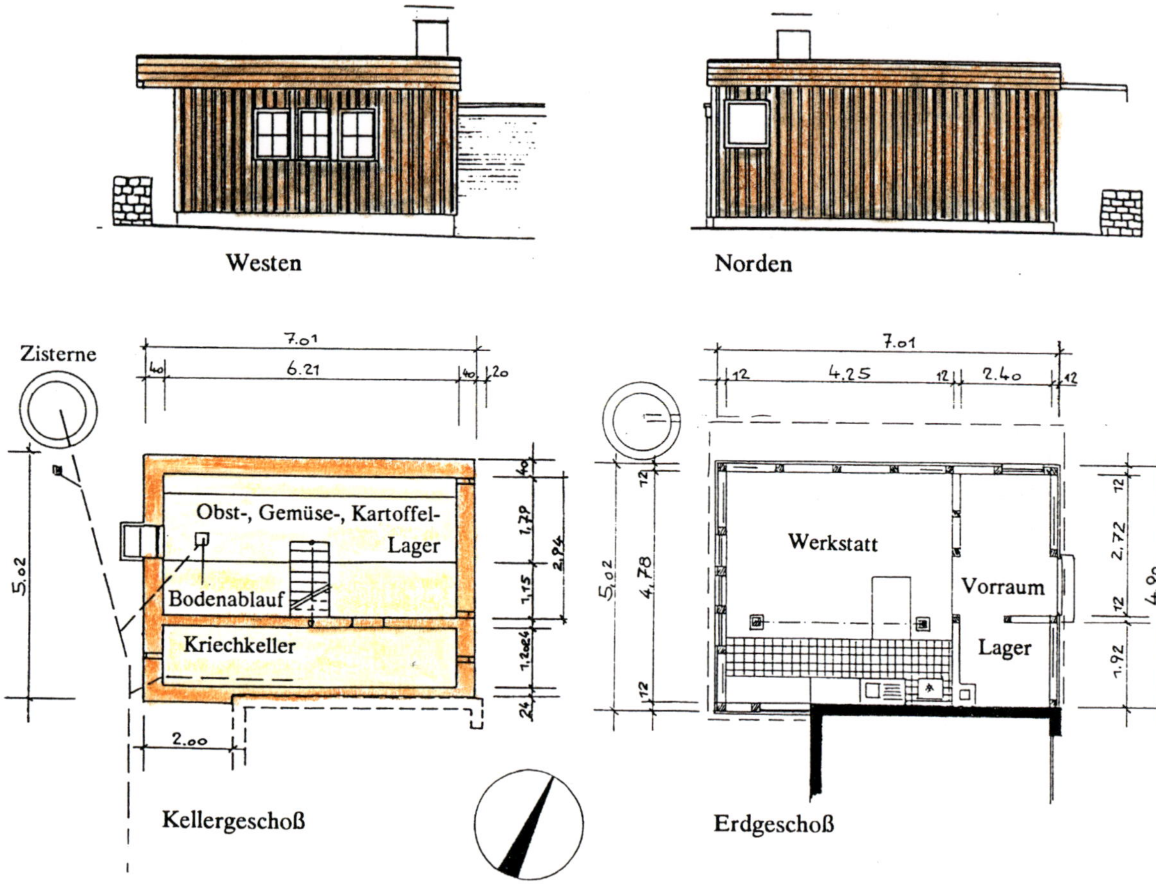

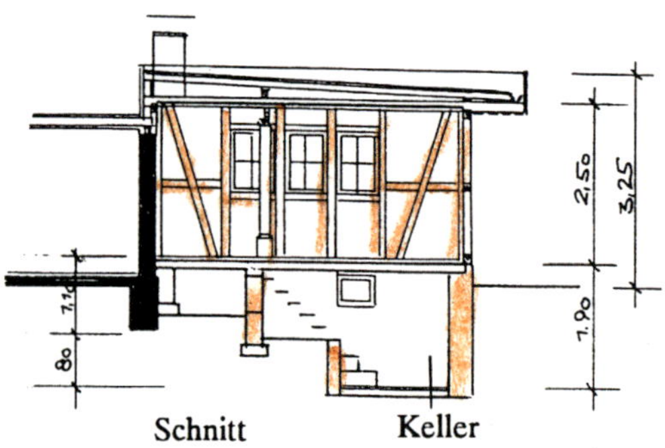

2
Ansichten, Grundriss und Schnitt.

ne überdecken die volle Wandstärke (Abb. 4). Günstig sind Sedimente (Kalk-, Buntsandstein), die nicht zu klein und möglichst ebene Lagerflächen haben. Bevor die erste Schicht gesetzt wird, ist der eventuell von den Baggerzähnen gelockerte Boden zu beseitigen und der gewachsene Boden freizulegen. Die schwersten Steine werden im Allgemeinen zuerst vermauert. Das ist praktisch, denn sie können in das Mörtelbett gerollt werden. Wir hatten das Glück, zwei jugoslawische Maurer zu kennen, die die Technik noch perfekt beherrschen.

Der Mörtel sollte aus Estrichsand (0/8 mm Korngröße), als Kalkmörtel der Mörtelgruppe 1 bereitet werden. Wegen der Wanddicke sind hydraulische Kalke zu verwenden. Die beim Aufmauern der einhüftigen Wand entstandenen Hohlräume zum Erdreich haben wir mit Erde, Steinresten, bzw. einem Kies-Erdgemisch dicht aufgefüllt, damit eine innige Verbindung zum Erdreich entsteht. Das war wichtig für die Feuchtigkeit in der späteren Kellerwand. Wir hatten die Wand nicht gegen das Erdreich abgedichtet.

Nur bei hohem Grundwasserstand ist eine Drainage erforderlich. Ebenso bei Hangwasser oder bei zeitweise auftretendem Stauwasser. In jedem Fall zu empfehlen ist der Einbau eines Bodenablaufs im Keller und der Anschluss an die Hausentwässerung. Das Bruchsteinmauerwerk wurde bis ca. 25 cm unter Geländeniveau geführt, waagerecht abgeglichen und gegen aufsteigende Feuchtigkeit mit Bitumenpappe abgedichtet. Das folgende Mauerwerk führten wir mit Hochlochziegeln (36,5 cm Wandstärke) bis zum Deckenauflager. Diese Ausführung war notwendig, weil Bruchsteinwände – besonders feuchte – im Winter wegen ihres schlechten Wärmedämmvermögens durchfrieren. Die Ziegelwand erhielt außen einen Putz und einen Sperranstrich. Innen wurde glatt gefugt. Die Fugen des Bruchsteinmauerwerks wurden bündig mit dem Mauerwerk ausgeworfen und mit der Kellenkante rau abgezogen. Nach einem Tag bzw. als der Mörtel angezogen war, reinigten wir die Wand dann mit einer groben Bürste. Nun wurde die Fertigteildecke verlegt und betoniert. Besser wäre in unserem Fall eine Ziegeldecke gewesen, da der Fußboden der Werkstatt aus Hobeldielen hergestellt wurde (bei Estrichfußböden ist dagegen eine Stahlbetonplatte günstiger). Unter die Stahlbetonplatte klebten wir als Dämmung Hartschaumplatten (10 cm).

Unser Keller hat ein Fenster (75/50 cm) mit Lichtschacht und Mäusegitter, durch das auch das Hereinreichen z.B. von Kartoffeln möglich ist. Das ist natürlich bequemer als das Einbringen der Ernte über die Deckenluke. Zusätzlich haben wir in Hauptwindrichtung vier Speisekammerlüfter eingebaut, die für einen ständigen Luftwechsel sorgen. Die Lüftung ist besonders im Spätherbst und Frühwinter notwendig, wenn das Obst einen starken Reifegeruch entwickelt. Im Winter können die Lüfter gedrosselt oder geschlossen werden.

Als Einstieg wurde eine Bodenklappe 0,75 x 1,40 m eingebaut. Sie ist aus einem 40 mm starken Rahmen konstruiert, oben mit Hobeldielen verkleidet und unten mit gespundeter Schalung. In Rahmenstärke ist eine Dämmung eingelegt. Wird die Treppe in Holz ausgeführt, ist Eichen- oder Lärchenholz besser geeignet als das feuchtigkeitsempfind-

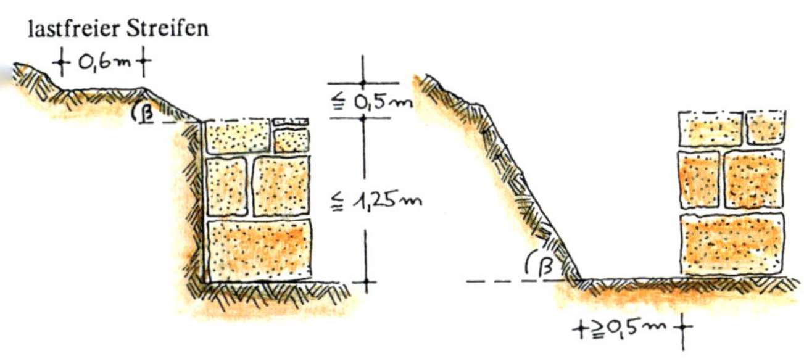

3
Zum Schutz gegen Einstürzen muss die Baugrube abgeböscht werden. Der Böschungswinkel β richtet sich nach der Bodenart und dem Wassergehalt des Bodens.

4 Binder und Läufer

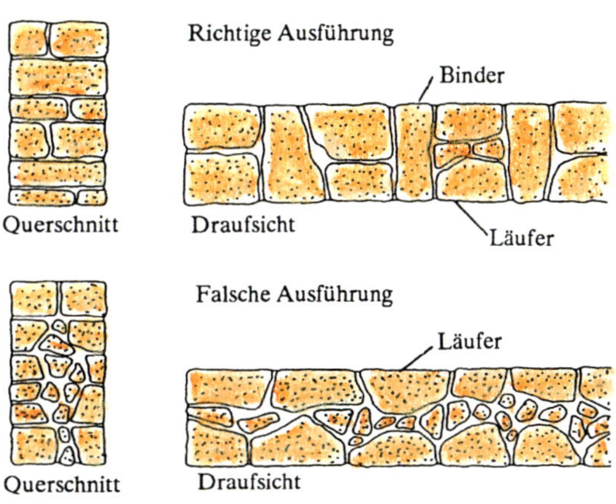

lichere Fichtenholz. Beim Anschluss der Treppe an Wand und Boden ist zu beachten, dass das Holz nicht direkt in Kontakt gebracht wird, sondern z.B. mit Bitumenpappe gegen Wand- und Bodenfeuchtigkeit geschützt wird.
Durch den Anbau bedingt mussten in unserem Fall die Fundamente abgetreppt werden (siehe Schnitt). Dadurch konnte nicht die volle Anbaufläche unterkellert werden. Längs des Garagenfundaments wurde ein Kriechkeller angeordnet, ca. 1,2 m breit. Dann folgt ein weiterer Streifen ca. 1,55 m breit, der etwa 50 cm über Kellerniveau liegt und gegen die Kellersohle durch eine Mauer abgegrenzt wird. Auf diesem Podest stehen die Kartoffelkiste und weitere Behältnisse für Vorräte. An der Außenwand wurde ein Apfelregal aufgestellt.
Die Holzteile dürfen nicht mit dem Bruchsteinmauerwerk in Berührung kommen oder gar direkt auf das Erdreich gestellt werden. Als Unterlagen sind z.B. gesinterte Keramikplatten (Platten für den Außenbereich) geeignet. Die Holzteile sind unbehandelt. Vor dem Einbringen der Früchte im Herbst werden alle Teile mit einer Kalklauge gestrichen, die Schimmel und Pilzbefall eingrenzt.
Bewährt haben sich die aufgeständerten Regalroste. Dazu wurden Reststücke von Bewehrungsstahl (in unserem Falle mit 14 mm Durchmesser) in den Boden eingetrieben und darüber ein Lattenrost errichtet. Als Auflager für den Lattenrost haben wir die Kontaktstellen mit Dosendeckeln unterlegt. Auf den Rosten können Obstkisten gestapelt werden.
Während der ersten Jahre gab es Probleme mit Mäusen. Durch mühsame und langwierige Spurensuche konnten die Schlupflöcher gefunden und geschlossen werden. Deshalb ist peinlichst darauf zu achten, dass vollfugig gemauert wird und alle Anschlüsse geschlossen werden. Ein kleiner Spalt am Fenster, an den Speisekammerlüftern oder an den Deckenauflagern genügt den findigen Plagegeistern als Durchschlupf.
Die elektrische Beleuchtung sollte von außen mit Kontrollleuchten geschaltet werden können, das erspart teure Feuchtraumausrüstung und beugt der Vergesslichkeit vor.
Seit der Benutzung des Kellers sind die Kartoffeln bis zur neuen Ernte fest und ohne wesentliche Keime. Die Äpfel sind bei manchen Sorten sogar bis Pfingsten lagerfähig.

Naturkeller unter einem Wintergarten

August Jäger

In das 1109 m² große Grundstück mit altem Obstbaumbestand und das Haus, Baujahr 1916, beinahe als Morgengabe dazu, hatten wir uns sofort verliebt. Es war zudem noch Herbst und unter den Bäumen verfaulten schmackhafte Falläpfel. Als die nächste Ernte anfiel, hatten wir das Anwesen gekauft, um-, an- und ausgebaut und konnten die Apfelernte schon im neuen Naturkeller unter dem Wintergarten einlagern. Zwar funktionierte der Keller gut, nicht aber das Überwintern der Äpfel, die Sorten waren leider wenig lagerfähig.
Inzwischen wachsen auf den alten Obststämmen mehrere andere, aufgepfropfte Sorten, und auch die selbst gezogenen und mit alten, lagerfähigeren Sorten veredelten Neupflanzungen beginnen zu tragen. Einen Großteil der Rasenfläche wandelten wir mit der Zeit wieder in einen Nutzgarten um.
Die Gartenernte konnte früher im Keller unseres alten Hauses sicher sachgerecht gelagert werden. Alle Böden dort waren mit einer Ziegelflachschicht (noch Handstrichziegel im Reichsformat) im Sandbett belegt und die Kellerwände bis zum Sockelmauerwerk ohne horizontale und vertikale Sperrschicht. Dadurch waren diese Bauteile – weil mit Erdkontakt – erdfeucht und sorgten so für ausreichend hohe Luftfeuchtigkeit. Einige Jahre vor unserem Hauskauf hatte man aber eine Zentralheizung eingebaut, die nicht nur einen Kellerraum in Anspruch nahm, sondern auch die ehemals besten Bedingungen für eine Frischlagerung zunichte machte.
Für unsere Gartenernte brauchten wir deshalb wieder einen Lagerkeller. Auf der Westseite des Hauses war ein mehrgeschossiger Wintergarten-Anbau geplant. Bei unseren baulichen Gegebenheiten wäre dafür ein Fundament mit einer Tiefe von 1,5 m nötig gewesen. Da lag die Überlegung nahe, die Baugrube einen Meter tiefer auszuschachten und den Keller unter den Wintergarten zu bauen. Die Kombination „Nachträglicher Wintergartenanbau in Verbindung mit einem Naturkeller" ist eine

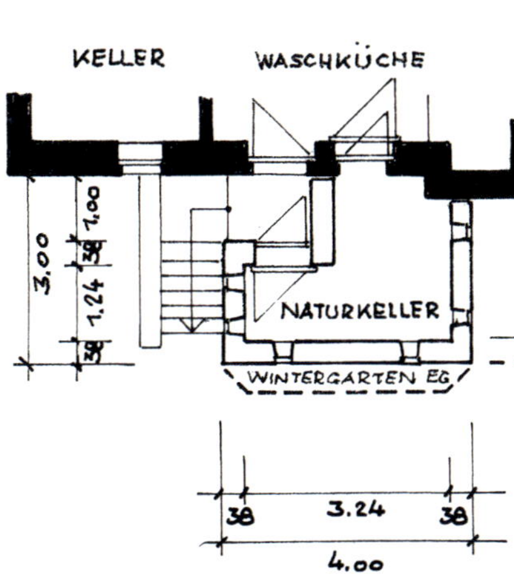

1 Grundriss des neuen Erdkellers, angebaut an das Wohnhaus.

2 Hier geht es zum Erdkeller.

3 Der Bauherr stellt die alten Ziegelsteine sicher, die für den Naturkeller-Anbau wiederverwendet werden sollen.

4 Die Baugrube wird ausgehoben, die alte Kelleraußentreppe ist abgetragen.

5 Gemauert wird mit Bruchsteinen (Wesersandsteinblöcken), einhüftig 40 cm stark, direkt gegen das Erdreich.

6 Die nicht erdberührten Kellerwände werden mit alten Ziegelsteinen gemauert, die zugleich auch den Sockel für den Wintergarten bilden. Optisch passen die Steine hervorragend, da sie von anderen Bauteilen am Haus stammen.

gute Sache, denn einen preiswerteren Hauskeller zu errichten, dürfte schwierig sein!
Um den Kelleranbau realisieren zu können, musste die dort vorhandene, aber ohnehin erneuerungsbedürftige Kelleraußentreppe aus Ziegelsteinen verlegt werden. Die Steine konnten wir wiederverwenden, unsere Vorfahren gingen sparsam mit dem Zement um, so dass sich das Mauerwerk nicht nur leicht abtragen ließ, sondern die Ziegel auch ohne große Mühe von den Mörtelresten befreit werden konnten. Weitere alte Ziegelsteine wurden beim Abbruch einiger anderer Bauteile gewonnen. Dadurch erhielten wir die Möglichkeit, die neu aufzubauenden Außenmauern des Kellers und der Kellertreppe im gleichen Sichtmauerwerk herzustellen wie das Sockelmauerwerk des Hauses, 38 cm stark (Reichsformat). Für die Wände mit Erdkontakt benutzten wir regional gängige Wesersandsteinblöcke, so genannte „gestoßene“ Steine. Diese Blöcke mit einer Länge bis zu 50 cm und unterschiedlicher Höhe sind Zweimannsteine, d.h. sie sind noch von zwei Personen zu vermauern. Die Blöcke wurden einhüftig, 40 cm stark, direkt gegen das Erdreich gemauert (siehe auch Abb. 3, S. 83).
Heute würden wir bei der Verwendung von Ziegelvollsteinen eine Wandstärke von 50 cm wählen, weil sich gezeigt hat, dass die Wände wegen ihres nicht so guten Wärmedämmvermögens bei längeren Frostperioden gern durchfrieren. Das hat dann zur Folge, dass sich durch die

hohe Luftfeuchte im Keller an den Innenseiten Reif bildet. Zunächst ist das nicht weiter bedenklich, so lange die Lufttemperatur im Keller nicht unter 0°C sinkt und das gelagerte Erntegut durch Frostschäden verdirbt. Als „Frostschutz“ hat man früher einfach eine Laterne in den Keller gestellt. Die damit erzeugte Abwärme reichte meist aus, die Temperatur über 0°C zu halten. Bequemer erledigen dies heute sogenannte „Frostwächter“, kleine elektrische Heizkörper mit Thermostat und einstellbarem Arbeitsbereich. In der Regel muss die Temperatur in alten Hauskellern aber nicht überwacht werden. In unserem Fall liegt das daran, weil ein relativ großer Anteil der Kellerwände (Sockel und Kellerabgang, siehe Abb. 2, S. 85) nicht erdbedeckt sind und deshalb durchfrieren können.

Das aufgehende Mauerwerk über Geländeniveau muss gegen aufsteigende Feuchtigkeit durch den Einbau horizontaler Sperrungen geschützt werden. Gleiches gilt auch dort, wo Neubauteile an den Altbau anschließen. Schließlich soll die Feuchtigkeit im Keller genutzt werden und nicht kapillar in den Altbau fließen, was Feuchteschäden hervorrufen könnte. Die Sperrung an diesen Kontaktpunkten wirkt außerdem als Dehnungsfuge. Um dies sicherzustellen, bauten wir eine bituminierte Platte ein, denn die Dehnungsfuge war uns besonders wichtig, da der Wintergarten dreigeschossig werden sollte. Da ist mit Setzungen zu rechnen, die auch zum Abriss von Sperrungen führen könnten.

So wichtig diese Sperrungen sind, so wichtig ist es auch, sie im erdberührten Mauerwerk *nicht* einzubauen. Denn diese Wände müssen feucht sein, wenn der Keller funktionieren

7 Auf die gedämmte Stahlbetonplatte als oberen Abschluss des Kellers wird, thermisch getrennt, eine Holzbalkenkonstruktion als Boden für den Wintergarten erstellt. Die thermische Trennung stellt sicher, dass sich der Keller nicht erwärmt, wenn sich der Wintergarten durch die Sonneneinstrahlung aufheizt.

8 Der dreigeschossige Wintergartenanbau mit dem darunterliegenden Erdkeller.

soll. Das gilt auch für den Fußboden. Wir haben eine Ziegelflachschicht im Sandbett gewählt. Abgesehen von einem Boden aus Stampflehm garantiert diese Konstruktion den besten kapillaren Feuchtetransport aus dem Untergrund, den wir ja nutzen wollen, um in unserem Keller eine hohe Luftfeuchte zu erreichen. Auch der Mörtel für das erdberührte Mauerwerk muss kapillar durchlässig sein. Er wird am besten mit Sand aufbereitet (Körnung 0 – 4 mm, Mischungsverhältnis 1:3). Beim Sockelmauerwerk haben wir hydraulischen Kalk gewählt (nach DIN EN 459–1 NHL 3,5-Z). Da im Baustoffhandel die hydraulischen Kalke aber meist nicht vorrätig sind, ist ein Mischungsverhältnis 2:1:8 (Weißkalk, Zement, Sand – nach Raumteilen -) möglich. Die beiden 2 Kellerzugänge, einen von außen und einen von der Waschküche im Haus aus, sind mit wärmegedämmten doppelten Türen versehen. Das ist für den Wärmehaushalt im Keller von Bedeutung.

Zum Luftaustausch: In allen Außenwänden sind je zwei Lüftersteine eingemauert, die wir bei niedrigen Außentemperaturen mit Zeitungspapier zustopfen. Wir dürfen allerdings nicht vergessen, die Belüftungsöffnungen wieder rechtzeitig zu öffnen, denn bei einem zu geringen Luftwechsel droht Schimmelbildung. Pilze lieben stickige Luft, hassen Luftbewegung. Inzwischen haben wir gelernt, das richtige Maß zu finden („immer der Nase nach"). Einen Keller muss man riechen mögen! Wenn dem nicht so ist, kann eine Stoßbelüftung, bevorzugt morgens, Abhilfe schaffen. Siedelt sich an Bauteilen und Einbauteilen Schimmel an, stimmt die Belüftung nicht. Pilze mögen kein basisches Milieu, sie bevorzugen es leicht sauer. Mit Kalkmilch lassen sich die unliebsamen Gäste beseitigen. Das beugt auch dem Neubefall vor.

Überdeckt wurde unser Keller mit einer Stahlbetonplatte, die unterseitig mit einer 5 cm starken Holzwolle–Leichtbauplatte verkleidet ist. Genauer gesagt: die Platte wurde mit den entsprechenden Ankern versehen, auf der Schalung verlegt, und die Betonplatte darauf gegossen. Das erspart die mühsamere wärmedämmende Verkleidung nachträglich von unten. Auf der Stahlbetonplatte wurde dann später die Holzkonstruktion des Wintergartens aufgesetzt. Wir haben eine thermische Trennung vorgenommen, d.h. eine zweite Decke für den Wintergarten aufgebaut, mit einer ca. 20 cm Luftschicht zwischen den Decken (Abb. 7). Das ist zwar aufwendig, aber wirksam, denn Wintergärten können sich bereits im März stark erwärmen, und wir wollten nicht, dass unser Wintergarten bei Sonneneinstrahlung sozusagen wie eine Deckenheizung auf den Keller wirkt. Die etwas auskragende Wintergartenkonstruktion hilft, das 60 cm hohe Sockelmauerwerk zu verschatten.

Aufgrund örtlicher Gegebenheiten konnten wir nur einen kleinen Keller bauen, er ist etwa 7 m^2 groß. Das zwingt zur Ordnung und effektiver Nutzung des raren Platzes. Es hat sich aber gezeigt, dass wir gut damit leben und bis nach Ostern unsere eigenen Äpfel essen können.

Naturkeller mit Dachterrasse

Otto-Christian Giercke

Das eigentliche Prinzip der Klimatisierung des Naturkellers ist die Ausnutzung des Dichteunterschiedes der Luft bei unterschiedlichen Temperaturen: Warmluft ist leichter als kühle Luft und steigt deshalb nach oben. Diese natürliche Luftbewegung sorgt in jedem Keller, ganz gleich, ob nun Freiland- oder Hauskeller bei entsprechenden baulichen Voraussetzungen für das Raumklima, welches Obst und Gemüse benötigen, um über die Wintermonate frisch zu bleiben. Eine weitere Voraussetzung für die erfolgreiche Einlagerung von Garten- und Feldfrüchten ist eine genügend hohe relative Luftfeuchtigkeit.

Die Entscheidung bzw. die Abwägung der Vor- und Nachteile einer getrennten Einkellerung bzw. Lagerung von Obst, Gemüse und Kartoffeln wird hier nicht getroffen. Meine Erfahrungen der letzten Jahre haben gezeigt, dass die vielfach geäußerten Geschmacksbeeinträchtigungen von z.B. Obst durch Kartoffeln bei gemeinsamer Lagerung nicht festgestellt werden konnten. Vermutlich kommt es hier doch wohl auf die jeweiligen Mengen der eingelagerten Kartoffeln an.

Ausgehend von einer vierköpfigen Selbstversorgerfamilie sollte die Grundfläche des Naturkellers ca. 6 bis 10 m^2 betragen. Vielleicht ist aber auch ein größerer Keller notwendig, z.B. wenn ein großer Obstgarten vorhanden ist, da sich der Flächenbedarf natürlich nach der Einlagerungsmenge richtet.

Wie sieht es baurechtlich bei der Erstellung eines neuen Kellers aus? Die baurechtlichen Auflagen und Bestimmungen können beim jeweiligen Bauamt oder bei der Bauordnungsbehörde erfragt werden, wobei auch in Erfahrung gebracht werden muss, ob für eine evtl. erforderliche Beantragung und zur Erstellung der notwendigen Bauzeichnungen und sonstigen Unterlagen ein Bauvorlagenberechtigter (Architekt, Bau-Ing., Maurermeister) eingeschaltet werden muss. In jedem Falle muss die Standfestigkeit, evtl. durch eine statische

1 Schnitt Mauerwerk gegen Erdreich mit System der Schachtführungen (vertikal und horizontal) für die Be- und Entlüftung.

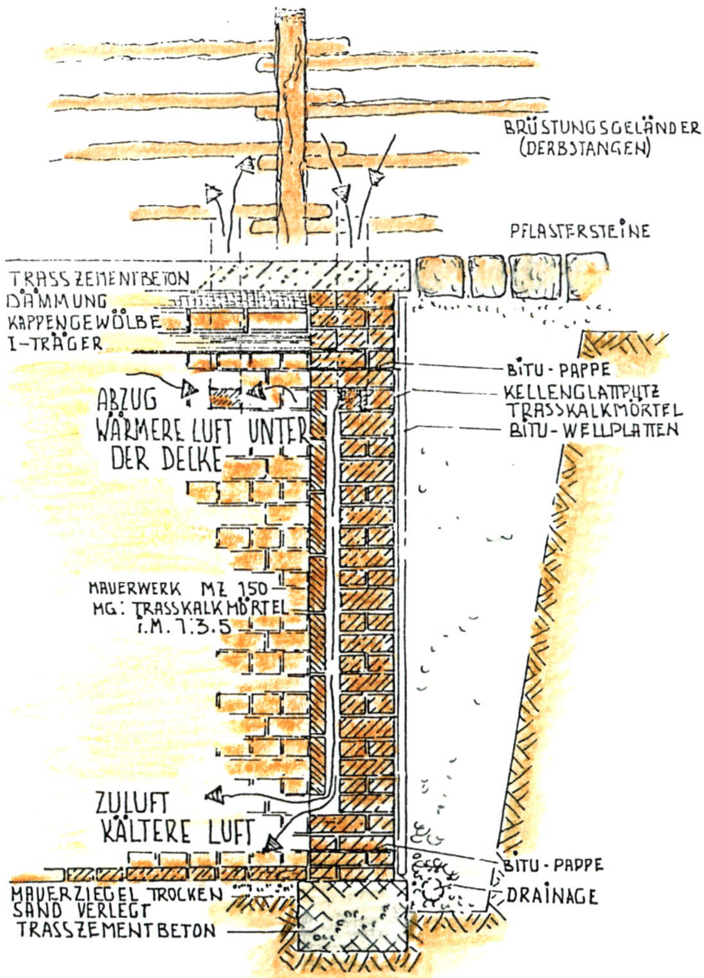

2 *oben links*
Mauerwerk, MZ 150, Kanalbausteine, die senkrechten Aussparungen für die Zuluftschächte werden später einsteinig vermauert. Im Hintergrund 2 Abluftöffnungen unter der späteren Decke.

3 *unten links*
Gewölbte Decke als Kappendecke. Die drei Bretter dienen als Schalung für die Mauerung der Ziegelsteine. Das letzte Brett wird wieder vor das erste gesetzt usw.

4
Mauerwerk der gegen das Erdreich liegenden Mauerecke.

Berechnung, nachgewiesen werden, um zu vermeiden, dass es zum Umkippen einer Mauer oder zum Einsturz eines Gewölbes kommt.
Weiterhin ist es wichtig zu wissen, dass dort, wo der Keller errichtet werden soll, sich keine Ver- oder Entsorgungsleitungen befinden (Wasser, Gas, Elektro, Abwasser, Regenwasser usw.).
Auch gilt es, die Bodenfeuchtigkeit festzustellen. Bei einer Hanglage können nämlich leicht Überraschungen erlebt werden, besonders, wenn bei trockenem Wetter die Voraussetzungen günstig erschienen, sich bei Regen oder in der Zeit der Schneeschmelze der Keller aber dann als Wasser-Sammelbecken erweist. Vor Überraschungen ist man selten sicher, deshalb sollte ein hanglagiger Erdkeller in jedem Fall eine Drainage erhalten.
Für die Luftfeuchtigkeit im Keller ist die Bodenfeuchtigkeit nicht unwesentlich maßgebend. Ist nun ein verhältnismäßig trockener Untergrund vorhanden, wäre es unzweckmäßig, durch den Einbau einer kapillarbrechenden Schicht (Kies, Grobsand, Schotter) die Bodenbeschaffenheit des Kellers so »trocken« zu machen, dass eine Abgabe der Bodenfeuchtigkeit an die Luft nicht mehr ausreichend erfolgen könnte. Nur wenn der Untergrund zu feucht erscheint, oder wenn, wie schon erwähnt, bei einer Hanglage eine Flächendränage notwendig wird, ist diese kapillarbrechende Schicht erforderlich. Sie sollte jedoch nicht übermäßig stark sein, so dass auch in trockenen Zeiten die

Feuchtigkeit von unten in den Keller gelangen kann.
Das umfassende Mauerwerk erhält, wie üblich, eine waagerechte Sperrschicht aus Bitumenpappe, auf die verzichtet werden kann, wenn z.B. mit Trasskalkmörtel gearbeitet wird. Die senkrechten, von der Erde berührten Wandflächen müssen ebenso gegen Feuchtigkeit abgesperrt werden, wobei sich hier unter Verzicht auf Chemieprodukte wieder der Trasszement bzw. der Trasskalk-Mörtel bewährt. Es braucht nicht besonders betont werden, dass Isolierungen gegen Feuchtigkeit natürlich nur dann ihren Zweck erfüllen, wenn sie fachgerecht ausgeführt werden. Bei der Verwendung von Trasskalk bzw. Trasszement bedeutet dies, dass z.B. die Kornzusammensetzungen für den Mauer- bzw. Putzsand exakt stimmen. Die Vertreiberfirmen dieser Materialien geben hierüber ausführliche Informationen.
Baumaterialien für den hier beschriebenen Naturkeller waren Ziegelsteine, z.T. auch Natursteine, die sich auf dem Grundstück befanden, sowie Trasskalk. Dies ergab sich zum einen durch meine beruflichen Erfahrungen (gelernter Maurer, Architekt), aber hauptsächlich auch, weil diese Materialien sich vorzüglich zum Bau eines kühlen Kellers eignen.
Das Mauerwerk wurde als sichtbares Flächenmauerwerk belassen. Der Mauermörtel diente gleichzeitig durch Glattstreichen als Mörtel für die Fugen.
Die Deckenkonstruktion wurde durch die auf dem Gelände vorhandenen Eisenträger vorgegeben. Hier ist ein gewisser Sparsamkeitseffekt bestimmend gewesen, zumal die Anordnung einer Kappendecke, d.h. einer gewölbten, gemauerten Decke zwischen den einzelnen Trägern, ein großflächiges Einschalen überflüssig machte. Diese Art der Deckenausbildung ist heute leider beinahe in Vergessenheit geraten, obwohl sie so viele Vorteile hat, ganz besonders, wenn die Bauarbeit in Eigenleistung ausgeführt wird.
Für die Kappendecken wurden früher gewöhnlich Langlochziegel (LLZ) in den Abmessungen üblicher Ziegelsteine verwendet. Im Zuge der Modernisierung verschiedener Arbeitsgänge im Bauwesen werden diese Steine allerdings nicht mehr hergestellt. Ich benutzte deshalb Hohlziegel-Zwischenwandsteine, die jedoch für den passgerechten Einbau den Einsatz einer Trennscheibe erforderlich machen (bei der Benutzung eines Hammers würde es zuviel Bruch geben).

5 Gewölbte Decke gegen die Rundung der Wand verlaufend, also mit einseitigem Wandauflager.

6 Gewölbte Decke von oben. Hier wird sichtbar, wie einfach die Herstellung einer Kappendecke ist.

7 *links oben*
Decke von oben gesehen. Die Zwickel der Gewölbedecke werden mit Perlite als Ausgleichsschüttung und Wärmedämmung versehen.

8 *links unten*
Decke von oben gesehen, mit Eisenbewehrung auf magnesitgebundenen Leichtbauplatten und beginnende Betonierung mit Trasszementmörtel. Die Stahleinlagen sind durch Punktschweißung miteinander verbunden und geerdet.

9 Ansicht des fertigen Kellers von der Südseite.

Für die weitere Wahl der Baumaterialien sind vorzugsweise weitgehend naturbelassene Stoffe zu wählen, um die »bio-aktiven« Eigenschaften zu gewährleisten. Hierzu zählt auch die Fähigkeit der Sorption und Absorption, d.h. die Eigenschaft, vorübergehend Feuchtigkeit zu speichern und bei Bedarf wieder an die Raumluft abzugeben.
Heizungs-, Warmwasser-, Lüftungs- und Abwasserrohre sollten nicht durch den (kühlen) Keller verlegt werden, da durch deren Wärmeabgabe die Kellertemperatur ungünstig beeinflusst wird.
Die Lüftung des Kellers ist ein überaus wichtiger Faktor für seine Eignung als Frischlager. Zur Verbesserung der Entlüftung könnten Aufsatz-Lüfterhauben notwendig sein, die bei hoher Luftfeuchtigkeit nach dem Ventilator-Prinzip zum Einsatz kommen. Diese Hauben sind bei Kühl-LKW's gebräuchlich und lassen sich in Verbindung mit einem Rohr leicht umfunktionieren. In jedem Falle ist es zweckmäßig, die Zuluftöffnungen, die in einem Keller von 6 bis 10 m^2 Größe einen offenen Lüftungsquerschnitt von mindestens 400 cm^2 haben sollten, so anzuordnen, dass eine Regulierung, d.h. ein Drosseln oder Verschließen der Öffnung leicht möglich ist. Notwendig sind außerdem sehr sorgfältig befestigte Insekten- und Mäusegitter an allen Öffnungen! Um eine gute Durchlüftung zu gewährleisten, sind die Zu- und Abluftöffnungen im Keller diagonal oder zumindest an den gegenüberliegenden Wänden angeordnet, wobei sich die Zuluftöffnungen sehr nahe am Boden, und die

Abluftöffnungen nahe der Raumdecke befinden sollten.

Die Temperaturen liegen im Naturkeller idealerweise im Sommer nicht über 12°C, bei der Einkellerung im Herbst um ca. 8°C und im Winter nicht unter 4°C. In meinem Keller ist es gelungen (es war nicht unbedingt vorauszusehen), diese Temperaturen weitgehend einzuhalten.

Die Anordnung der Luftführungskanäle in Form von Schächten im Mauerwerk würde ich aus heutiger Sicht allerdings nicht mehr in dieser Weise ausführen. Die Erstellung ist aufwendig, aber der eigentliche Grund ist die Aktivität der Spinnen in die-

Baubeschreibung des Naturkellers

Lage:
Stark abschüssige Südhanglage, günstiger Altbaumbestand; Gewölberichtung Ost-West; Höhe ca. 205 m ü. NN

Untergrund
Leicht lehmiger Sand, mergeliger Schotter, trocken

Gründung
Streifenfundamente aus Trasskalkmörtel, Kiessand und Mauerziegelstücken

Bodenbelag
Flach verlegtes Vollziegeltrockenpflaster, NF-Format, in Sand ohne Fugen verlegt

Wände
Vollziegel, NF-Format, MZ 150, mit Trasskalkmörtel verfugt, beidseitiger Fugenglattstrich beim Aufmauern; ca. 50% der Mauerfläche liegen im Erdreich

Decke
Kappengewölbe aus Ziegelwandplatten (in Ermangelung von Langlochziegel) zwischen T-Stahlträgern mit Trasskalkmörtel; raumseitiger Trasskalkrappputz mit Sumpfkalk, wirkt wie geweißelt

Kühlung
Höhendifferenz zwischen Zu- und Abluftöffnungen 2 m; Abluftöffnungen in den Wänden unterhalb der Decke; Zuluft waagerecht und senkrecht über gemauerte Schächte in den Wänden mit Luftaustritt innen nahe des Bodens, Lufteintritt außen nahe der Decke

Decke
Die Dachdecke ist als begehbare Terrasse ausgebildet: Über dem Kappengewölbe der Decke, Zwickelausgleich durch Trockenschüttung mit Perlite, magnesitgebundene Holzwolleleichtbauplatten als Wärmedämmung; Trasszementbetondecke mit Gefälle, ohne zusätzliche Isolierungsmaßnahmen gegen Feuchtigkeit (Belag evtl. später)

Feuchtigkeitsisolierung
Schutz gegen mögliches Hangwasser: Drainage mit Kunststoffrohren, Durchmesser 80 mm; Bitumenanstrich auf Trasskalkglättputz

Sonnenschutz
Zum Teil weit auskragender Überstand der Dachdecke; Beschattung durch vorhandenen Altbaumbestand

Eingang und Fensteröffnung
Blendrahmentür, Holzkonstruktion, von innen angeschlagen, Dämmung mit Backkork; kleines Fensterchen mit Fliegengitter und Schlagladen neben der Eingangstür, der Zwischenraum in der Laibung zwischen Fenster und Schlagladen wird im Sommer mit Dämmmaterial gefüllt.

Elektroinstallation und Erdung
220 V Wechselstrom für Beleuchtung in Panzerrohr bzw. abgeschirmten Kabel; Fundamenterder (offen, keine Schleife); Erdung der Stahlträger und der Bewehrungseisen

Ausstattung
Fichten- bzw. Tannenholzstellagen, Regale, Obsthorden, Kartoffeltrommel (zur Vermeidung vorzeitigen Keimens)

Lagergut
Äpfel, Birnen, Rote Bete (in Sand), Kohl, Rüben, Kartoffeln (Trommeldrehung wöchentlich 360°); Steintöpfe (milchsaures Gärgemüse); Gläser und Flaschen, nur zugebunden, nicht eingekocht; Weine u.a.m.

Temperaturen
Bei der Einkellerung der Gartenfrüchte zuweilen Auftreten von Kondenswasser. Kellertemperaturen im Sommer bei ca. +30°C Außentemperatur etwa 12 bis 14°C; im Winter ca. +3 bis +4°C bei einer Außentemperatur um -10°C.

10 Innenansicht: Unterhalb der Decke ist die Entlüftungsöffnung zu sehen, senkrecht darunter der Verlauf des Schachtes für die Zuluftführung. Der Keller ist mit Holzregalen aus Tanne/Fichte eingerichtet, die zweimal geölt wurden. Die handelsübliche Verbretterung der Regalböden war zu wenig luftdurchlässig, deshalb wurde später jedes 2. Brett entfernt. Stellagen zur ausreichenden Hinterlüftung nicht direkt an die Wand stellen. Kartoffeln neben Äpfel – bei uns kein Problem. Die Lagerung der Kartoffeln in der selbstgebauten drehbaren Trommel funktioniert erstaunlich gut, die Kartoffeln sind wohlschmeckend und ohne Keimansätze, solange der Vorrat reicht (bis Juni/Juli, manchmal bis August).

11 Alte Apfelhorde vom Sperrmüll, verschließbar. Auf der rechten Seite der Horde ist ein Brett angebracht, das mit einem Schloss versehen ist und im eingeklappten Zustand das Herausziehen der Obstfächer unmöglich macht. Der geringe Abstand zwischen den einzelnen Fächern schloss darüber hinaus jede „unbefugte" Entnahme aus.

sen Kanälen, die in kurzer Zeit durch das Weben ihrer Netze die Luftbewegung so stark beeinträchtigen, dass ein Entfernen der Gespinste von Zeit zu Zeit notwendig ist. Und hier gibt es bei der ausgeführten Konstruktion Schwierigkeiten. Der Einbau von Reinigungsklappen an den Eckpunkten wurde notwendig, um den Zugdraht für einen Besen führen zu können.

Aus meiner Erfahrung mit diesem Keller habe ich bei nachfolgenden Naturkellerbauten die Anordnung der Zuluftkanäle außerhalb der Wände in Form von Schächten (Betonformteile für Lichtschächte) bevorzugt. Mit diesen Betonformteilen wäre es z.B. auch möglich, die Zuluft vorzukühlen, indem sie von außen durch das kühle Erdreich hindurch in den unteren Teil des Kellers geführt wird.

Neubau mit Vorratskeller

Bernhard Nixdorf

Soll ein neues Haus gebaut werden, empfiehlt es sich, gleich bei der Planung des Neubaus ein oder zwei Vorratskeller vorzusehen. Wie ein solcher ca. 6 m² großer Keller gebaut werden kann, wird im Folgenden beschrieben.

Planung

Bei der Planung sollte darauf geachtet werden, dass der oder die Keller im Norden, also im kühlsten Bereich des Hauses platziert sind. Günstig auf die Temperatur in den Kellern wirkt sich aus, wenn Heiz- und Waschräume, oder auch Sauna und Hobbyraum nicht direkt anschließen oder gegenüberliegen.
Für die Kartoffellagerung ist am besten ein fensterloser Raum geeignet, der über ein Rohrsystem be- und entlüftet wird. Dazu sollte der Belüftungsstutzen außen am Haus nach Möglichkeit so angebracht werden, dass kalte Luft durch den Wind eingeblasen wird, also auf der Westseite. Der Entlüftungsstutzen wird an der Nordseite eingebaut, dann kann der vorbeistreichende Wind die erwärmte Luft aus dem Keller ziehen.
Wenn ausreichend Platz vorhanden ist, bietet es sich an, einen Vorraum als Schleuse einzuplanen. Dadurch strömt bei geöffneter Kellertür nicht gleich die wärmere Luft des Kellergeschosses in den noch kühleren Vorratsraum ein. Die Türen sollten so eingebaut sein, dass beim Öffnen keine Luft aus anderen Kellerräumen, z.B. aus dem Flur, in den Vorratskeller eingesogen wird, d.h. die Türen müssen nach außen aufgehen. Für einen gut funktionierenden Vorratskeller ist es unbedingt notwendig, den Boden um mindestens 50 cm tiefer als die Oberkante des anderen Kellerbodens zu legen, damit eine kalte Luftschicht in dieser Vertiefung stehen bleibt. Deshalb müssen in diesem Bereich auch die Fundamente vertieft werden. Je nach Grundwasserstand kann es zu Problemen mit evtl. über die Bodenfläche eintretendem Wasser kommen, da der Kellerboden keine Betonplatte erhalten sollte.

Wände

Aufgrund ihrer hohen Speicherfähigkeit für Wärme und Feuchtigkeit sind Ziegel, besonders Vollziegel, sehr gut für den Vorratskellerbau

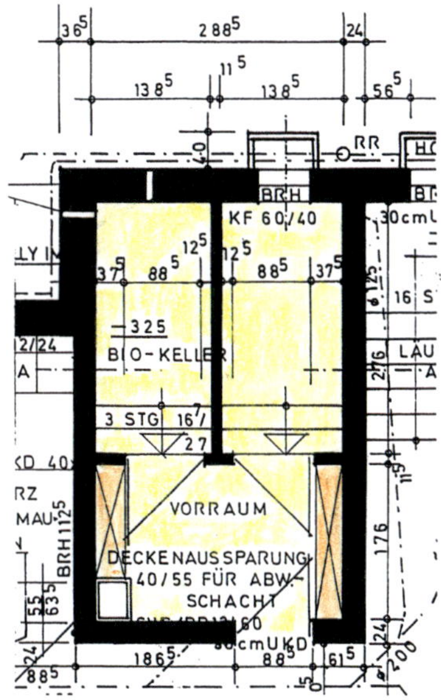

1 Grundrissausschnitt aus dem Arbeitsplan: Kellergeschoss eines Einfamilienhauses.

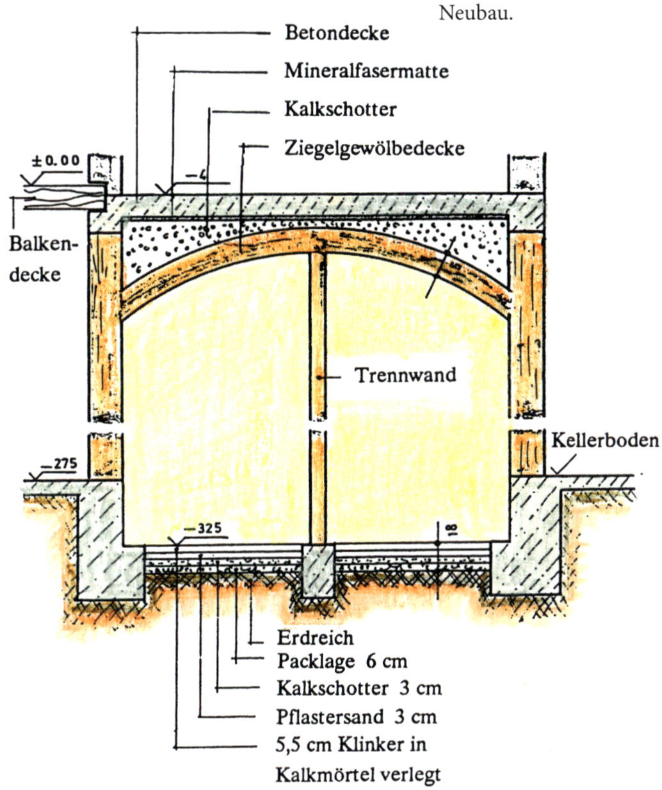

2 Schnitt: Vorratskeller im Neubau.

3 Gemüse- und Obstkeller mit Fenster

4 Der Kartoffelkeller wird über Rohre be- und entlüftet

5 Das Zuluftrohr mündet knapp über dem Boden

6 Entlüftung außen auf der Nordseite des Hauses.

geeignet. Vollziegel sind etwas teurer als andere Wandbausteine, bedingt durch einen höheren Materialanteil und durch eine zeitintensivere Verarbeitung. Da die Kelleraußenwände in der Regel betoniert sind, sollte innen vorgemauert werden.

Decke

Um genügend Speichermasse zu haben, wird die Decke am besten als Gewölbe ausgebildet. Der Hohlraum bis zur eigentlichen Kellerdecke wird z.B. mit Kalkschotter ausgefüllt. Die notwendige Wärmedämmung zwischen Keller und darüberliegenden beheizten Räumen liegt beim Neubau über der Kellerrohdecke.

Verputz und Anstrich

Als Verputz für Wand und Decke eignet sich ein Kalkputz, ebenso ist es empfehlenswert, für den Anstrich eine Mineralfarbe zu wählen.

Entwurf und Planung:
Dipl.-Ing. Bernhard Nixdorf

Boden

Um eine ausreichende Luftfeuchte für die Lagerung der Garten- und Feldfrüchte zu erhalten, sollte der Boden gut feuchtigkeitsaufnahmefähig sein. Hier ist auf das vorhandene Erdreich eine Packlage (Kalkgestein) und dann Kalkschotter aufzubringen. Darauf können dann Ziegelfliesen oder Vollziegelsteine in Kalksand oder in einem Kalkmörtelbett verlegt werden. Die Fugen werden mit einem Kalksandgemisch oder mit einem Kalkmörtel verstrichen.

Be- und Entlüftung

Bei einem Keller ohne Lüftung über ein Fenster muss die Be- und Entlüftung über ein Rohrsystem erfolgen. Hierfür eignen sich Schächte aus Metall wie sie bei Klimaanlagen verwendet werden. Preisgünstiger und einfacher, besonders für Selbstbauer, ist die Verwendung von Abwasserrohren aus Kunststoff, deren Durchmesser nicht unter 125 mm liegen sollte.

Erdkeller in einem Passivhaus

Von Ute und Stephan Langbein

Weshalb sich Bauherren mit eigenen Streuobstwiesen, Gemüsegärten oder Weinbergen im ländlichen Raum für den Bau eines Erd- oder kühlen Vorratskellers entscheiden, wurde hier bereits mehrfach beschrieben. Weshalb man sich diesen auch in ein bzw. unter ein Passivhaus einbauen möchte, findet dann wenig Verständnis, wenn man sich mit den baulichen Anforderungen von Passivhäusern auseinandersetzt.
Beim Bau eines Passivhauses wird großen Wert auf die kompakte Bauform und die entsprechende Dämmung aller Außenwände gelegt. Auch die Bodenplatte und die Kelleraußenwände müssen im Vergleich zu Häusern im Neubaustandard hoch wärmegedämmt werden, um unnötige Energieverluste zu vermeiden.
Wir haben uns 2003 ein Passivhaus bauen lassen, bei dem wir neben neuester Technik (EIB, Lüftung mit Wärmerückgewinnung, Solar, Wärmepumpe, etc.) auch auf baubiologische Details geachtet haben, ohne dass es ein klassisches Ökohaus werden sollte. Wir legen großen Wert auf die Verwendung von baubiologisch einwandfreien Materialien. Im Haus verzichten wir auf unnötig Elektrosmog erzeugende Telefone und Geräte und haben über EIB auch die Netzfreischaltung der Schlafräume realisiert. Eine spätere Grauwassernutzung ist vorbereitet, Trinkwasserleitungen sind in Edelstahl ausgeführt, auf PVC wird bei Lüftungs- und Stromleitungen vollständig verzichtet, Innenputze sind aus Rotkalk, Farben auf Silikatbasis.
Bei der Planung des Erdkellers wurden alle Ratschläge der Fachplaner beachtet. Der Keller ist zur Nordseite hin ausgerichtet, befindet sich vollständig unter der Erde, ist fensterlos mit einer mechanischen Lüftung ausgestattet. Die Wände zum angrenzenden warmen Kellerbereich und die Decke zum Erdgeschoss sind wärmegedämmt, damit der Keller auch im Sommer kühl und trocken bleibt. Der Boden des Erdkel-

1 Noch sehr selten: Neubau im Passivhausstandard mit Naturkeller.

2 Grundriss Kellergeschoss.

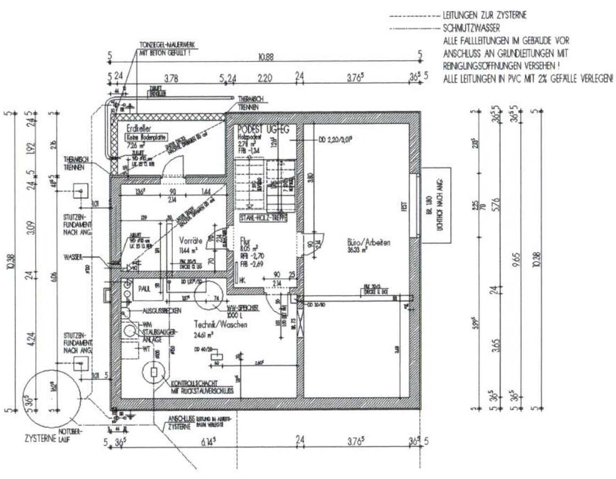

3 35 cm verdichteter Misapor Schaumglasschotter, hergestellt aus aufgeblähtem Altglas, dämmt die Bodenplatte gegen das Erdreich, solange dieser trocken bleibt. Die Sole des Erdkellers liegt tiefer, jedoch noch über der Drainage.

4 Kräftige Streifenfundamente aus Beton bilden die Gründung unter dem Erdkeller. Noch tiefer liegt die Drainage rund um die Bodenplatte unter der Schaumglasschotterschicht.

lers liegt 40 cm unter dem Bodenplattenniveau des restlichen Hauses (Abb. 3). Dem Erdkeller vorgelagert ist ein kühler Vorratskeller durch den auch alle Hausanschlüsse ins Haus gelangen.

Um den Passivhausstandard zu erreichen, wurde unser Haus zunächst auf cinc 35cm dicke Schaumglasschotterschicht gestellt, welche die Bodenplatte gegen das Erdreich dämmt. Durch diese Dämmung wird die Leitfähigkeit des verwendeten Ringerders in der Bodenplatte aufgrund elektrischer Isolation des Glasschotters aufgehoben. Hierfür mußte ein Ersatz geschaffen werden, denn Blitzschutz setzt funktionierende Erdung des Gebäudes voraus. Um die Erdung der Bodenplatte wieder zu gewährleisten, wurde die Erdung in die Streifenfundamente des Erdkellers verlagert. Mehrere Blitzschutzfahnen ragen im Bereich des Erdkellers aus der Bodenplatte und wurden mit langen Staberdern verbunden, die im Erdkeller in den Boden gerammt wurden. Gleichzeitig sind Baumaßnahmen notwendig, die sicherstellen, dass der Glasschotter dauerhaft trocken bleibt und sich kein Grundwasser unter der Bodenplatte sammelt. Die unter der Schotterschicht eingebaute Drainage muss dauerhaft funktionsfähig bleiben, da nur eine trockene Glasschotterschicht auch eine Wärmedämmung ermöglicht.
Mit Hilfe unseres Erdkellers können wir kontrollieren, ob die Bodenplat-

5 *(links)* Aus dem Streifenfundament ragen im Außenwandbereich Armiereisen. Die Bodenplatte ist wie alle Decken im Haus als Industriefußboden mit einer flügelgeglätteten Oberfläche ausgeführt. Auf einen Estrich wird so verzichtet.

6 *(rechts)* Thermische Trennung zur Wärmebrückenvermeidung: Die Außenwände des Erdkellers aus Poroton-Hohlblocksteinen (später mit Beton ausgegossen) haben seitlich keine Verbindung zur 36 cm starken Ytongwand oder anderen Kellerwänden.

te trocken liegt, denn eindringendes Grundwasser würde sich hier zuerst bemerkbar machen und könnte auch abgepumpt werden. Ein weiterer Vorteil eines Erdkellers im Passivhaus.

Die Fundamente unseres Erdkellers stehen im Gegensatz zur Bodenplatte auf gewachsenem Grund und sind als betonierte Streifenfundamente ausgeführt (Abb. 5). Die Bodenplatte des Hauses liegt auf der verdichteten Glasschotterschicht. Die Gefahr von Setzrissen durch unterschiedliches Setzverhalten wurde dabei dadurch verringert, dass die tragenden Außenwände des Erdkellers nicht mit den Ytong-Außenwänden des restlichen Kellers verbunden wurden. Eine Styrodurplatte trennt auch evtl. Wärmebrücken (Abb. 6). Trotzdem ist diese Bauweise ein Wagnis.

Belüftet wird der fensterlose Erd- und Vorratskeller mechanisch durch eine kontrollierte Lüftung, welche über einen 13 m langen Erdwärmetauscher aus PP-Rohr geführt wird, so dass auch im Sommer vorgekühlte Frischluft in den Erdkeller geführt werden kann (Abb. 9 und 10). Die Zuluft wird durch ein vorgelagertes Grobfilter gereinigt.

Decken und Wände des Erd- und Vorratskellers wurden zum warmen Hauskeller hin mit Linitherm Pal Sil Dämmplatten (Polyurethan 025) gedämmt. Die Dämmstärke beträgt dabei 15 bzw. 19 cm. (Abb. 11 und 12). Die Vollziegel, welche als Bodenbelag im Erdkeller dienen, wurden

7 Die Außenwände des Erdkellers wurden anschließend weder mit einer Bitumendickbeschichtung, noch mit einer Wärmedämmung versehen.

8 Allerdings wurde der Kontakt zum Erdreich durch eine Geodrainmatte unterbrochen, die für Drainagezwecke notwendig ist. Direkten Kontakt zum Erdreich hat nur der Ziegelboden.

9 Verlegung des Luft-Erdwärmetauschers aus PP-Rohr für den Erdkeller. Auf PVC wurde im gesamten Haus vollständig verzichtet. Der EWT ist mit 5-10% Gefälle verlegt.

10 Der Lufteinlass im Erdkeller ist so tief wie möglich gewählt worden. Die Durchführung ist als Kernbohrung durch die betongefüllten Poroton-Hohlblockziegel ausgeführt worden. Der vorgelagerte Vorratskeller wird durch einfache Luftüberströmung aus dem Erdkeller belüftet, die Fortluft wird an der Decke des Vorratskellers nach außen abgeführt.

in ein Sandbett direkt auf den gewachsenen Lehmboden verlegt, die Wände blieben unverputzt, lediglich der Betonsockel wurde mit Sumpfkalk gestrichen (Abb. 15). Die Wände des Vorratskellers sind mit Rotkalkglätte verputzt, eine weitere Oberflächenbehandlung der Linitherm Pal Sil-Platten wäre möglich, ist aber nicht nötig.
Wir nutzen unseren Keller seit 7 Jahren zur Lagerung von eigenen Äpfeln, Wein, Getränken und Eingemachtem aller Art. Die Inneneinrichtung ist zweckgemäß. Am Betonsockel bildet sich im Sommer gelegentlich Kondenswasser, wenn die Außenluft zu feucht ist, was aber auf dem Sumpfkalkanstrich nicht zu Schimmel führt.
Weitere Details finden sich im Internet unter: www.bauweise.net

11 Die Innendämmung der Decken des Erd- und Vorratskellers erfolgte aufgrund der notwendigen Dämmstärken in zwei Schichten. 4 cm starke alubeschichtete PU-Platten werden zwischen Holzrahmenschenkel geklebt, welche dann die Hauptdämmung tragen.

12 Wärmebrückenfrei werden im zweiten Schritt quer zur ersten Lage 15 cm dicke Polyurethanplatten mit Silikatoberseite geschraubt. Damit ist die Decke mit 19 cm Dämmung versehen. Wände aus 36 cm dickem Ytong werden „nur“ mit 15 cm Polyurethan gedämmt.

13 Blick in den fertigen Erdkeller aus dem vorgelagerten Vorratskeller. Über zwei Stufen tritt man hinunter in den tieferen Erdkeller. Der Fussboden ist mit Vollziegeln (Hochkantverlegung) ausgelegt. Die Fugen wurden mit feinem Quarzsand ausgefüllt.

14 Die Wände sind unverputzt, lediglich der sichtbare Betonsockel ist mit Sumpfkalk gestrichen.

15 Ein Radiallüfter saugt Frischluft zeitgesteuert durch den Erdwärmetauscher.

Bau eines freistehenden Erdkellers

Carl-Heinz Buck

Ein Garten ohne Erdkeller ist nur ein halber Garten, denn erst durch ihn wird eine Selbstversorgung mit naturbelassenen Lebensmitteln rund ums Jahr möglich. Eine der ersten Arbeiten beim Aufbau meines Selbstversorgerhofes war deshalb der Bau eines Erdkellers. Ich fand praktisch keine Literatur zum Thema und musste deshalb selbst experimentieren. Damit nicht jeder meine Fehler zu wiederholen braucht, hier meine Bauanleitung.

Rohbau

Als erstes muss ein Bauplatz gesucht werden, der so gut drainiert werden kann, dass der Keller mit Sicherheit das ganze Jahr über trocken bleibt. Hier werden die meisten Pleiten erlebt. In einem überfluteten Erdkeller verdirbt alles. Da es in der Nähe unseres Gartens überall eben ist, reicht mein Keller nur 60 cm tief in den Boden. Um ihn im Sommer so kühl wie möglich, und im Winter frostfrei zu halten, wäre es allerdings besser gewesen, wenn ich ihn tiefer eingegraben hätte.

Zunächst hob ich eine Baugrube von 2,60 m x 4,40 m Größe und 80 cm Tiefe aus. Die unteren 20 cm der Grubenwände habe ich im Winkel von etwa 45° nach außen abgestochen. In diese Hohlkehle legte ich rings um die Grube Drainagerohre mit leichtem Gefälle zum Ausfluss, der in einen Teich mündet. Jetzt füllte ich 15 cm groben Kies in die Grube und baute aus alten Brettern die Schalung für die Streifenfundamente, 80 cm hohe Betonwände, 20 cm von den sauber ausgestochenen Erdwänden der Grube entfernt (das Türloch in der Vorderwand natürlich ausgespart). Die Schalungswände müssen durch Balken gut miteinander verstrebt werden, damit sie nicht nach innen ausbeulen, wenn der schwere Beton eingefüllt wird. Nun kam eine Schicht Gesteinsbrocken in die Schalung, danach schichtenweise der Beton (1 Teil Zement auf 4 Teile groben Kies, erdfeucht) und Gesteinsbrocken, die immer in der Mitte der Wand liegen müssen - anderenfalls bekommt man keine glatten Wände. Jede Schicht muss sorgfältig gestampft werden, um Luftblasen zu entfernen. Zur Armierung legte ich noch einige dünne Eisenstangen in den Boden.

Nach drei Tagen baute ich die Schalung ab, schüttete eine Schicht Kies auf den gewachsenen Grubenboden und legte darauf Ziegelsteine, die ich vorsichtig feststampfte und einschlämmte. Der Boden hat ein leich-

tes Gefälle zur Rückseite. Dort endet er 5 cm vor der Wand in einer Rinne, die ich mit Kieselsteinen füllte. Hier kann eingedrungenes Wasser aus dem Erdkeller sofort in die Drainage ablaufen und der Kellerboden kann auch einmal abgespritzt werden.
Die Wände oberhalb des Betons mauerte ich aus alten Ziegelsteinen bis auf eine Höhe von 185 cm. Für die Vorderwand benutzte ich allerdings statt der Steine Tonröhren – später ein idealer Lagerplatz für Flaschen. Gewöhnlich werden Wände, die Erdkontakt haben, mit einem Schutzanstrich gegen Feuchtigkeit isoliert. Das habe ich bei meinem Erdkeller nicht gemacht, denn es soll feucht im Keller sein. Gegen die Wände schaufelte ich viel Erde. Unten ist der Erdwall etwa 2 m dick, oben ca. 30 cm.

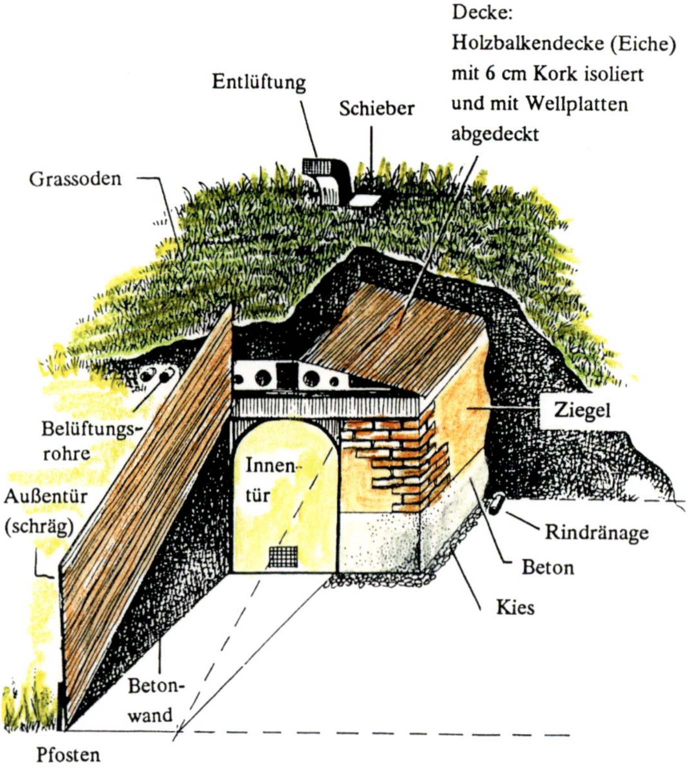

Decke

Die Decke ist neben dem Grundwasser der zweite wunde Punkt bei Erdkellern, sie darf nämlich nicht schwitzen. Herabtropfendes Schwitzwasser bringt alles zum Faulen. Betondecken sind deshalb ungeeignet.
Als Deckenbalken benutzte ich alte Eichenbalken, die im Abstand von einem halben Meter parallel zu den Stirnseiten auf die Ziegelwände gelegt wurden (Teerpappe zwischen Balkenende und Wandauflager nicht vergessen). Auf die Deckenbalken nagelte ich Eichenbretter und legte darauf zwei Schichten je 3 cm starke Korkplatten als Isolierung. Für die Decke ist praktisch nur Eichenholz verwendbar. Alles andere Holz müsste mit Gift imprägniert werden, um nicht zu verrotten – das erscheint mir zu gefährlich bei darunter gelagerten Lebensmitteln.
Auf die Korkplatten legte ich in Längsrichtung drei Dachbalken, den mittleren dicker als die seitlichen. Dafür kann man auch Ziegelsteine nehmen. Auf diese Balken kamen Wellplatten und darauf 30 cm Erde. Die oberste Schicht besteht aus Grassoden: sie verhindern die Abschwemmung, kühlen im Sommer und wärmen etwas im Winter.
Die Giebelwände wurden mit Teerpappe verschlossen, gegen die zuletzt Erde und Grassoden angehäuft wurden. Allerdings baute ich noch mehrere Tonröhren in die Giebelwände ein, um den Deckenraum zu belüften (bei extremen Temperaturen werden diese zugestopft). Diese aufwendige Deckenkonstruktion ist diffusionsfähig und bewirkt eine trockene Decke. Die Mühe lohnt sich! Meine erste Decke musste ich wieder abreißen, weil sie dauernd feucht war.
Sehr wichtig ist eine gute Lüftung des Erdkellers. Dazu dienen ein Entlüf-

tungsschacht (30 cm x 30 cm) in der Decke auf der rückwärtigen Kellerseite und ein Luftloch vorn in der Kellertür kurz über dem Boden. Beide Öffnungen sind durch Schieber verschließbar und mit Maschendraht gegen Mäuse gesichert.
Erdkeller müssen sehr sorgfältig gegen Mäuse und Ratten abgedichtet werden. Und selbst dann empfiehlt es sich, die Vorräte noch zusätzlich regelmäßig zu kontrollieren, denn in nur 2 Wochen können Ratten einen mit Vorräten vollgefüllten Keller ratzekahl leeren...

Eingang

Der Eingang ist doppeltürig, mit einer schräg liegenden äußeren Tür und einer senkrechten Innentür. Die Wände zwischen der inneren und der äußeren Tür – den Klimapufferbereich – goss ich aus Beton. Diese Seitenwände müssen durch Maueranker fest mit der Erdkellervorderwand verbunden werden, sonst werden sie später durch die dagegen geschaufelten Erdwälle zusammengedrückt!
Die äußere, schräge Tür ist von außen mit Teerpappe benagelt. Das von ihr ablaufende Wasser fließt in ein mit Kies abgedecktes Drainagerohr. Die Tür endet 5 cm über dem Boden, damit Frischluft eindringen kann. Die Innentür ist von innen mit aufgenagelten Korkplatten wärmegedämmt. Eine einfache Tür, möglicherweise noch ohne Isolierung, ist in kalten Wintern nicht ausreichend. Sie muss zudem absolut mäusedicht sein.

Kellerraum

Die Inneneinrichtung meines Erdkellers besteht aus Regalen beiderseits eines Mittelgangs und drei allseitig belüfteten Lagerboxen aus Eichenlatten vor der Rückwand des Kellers. Hier werden Kartoffeln, Möhren und Topinambur gelagert. Letztere brauchen im Erdkeller nicht, wie sonst üblich, in Erde gepackt zu werden.
Das ideale Erdkellerklima hat ca. 90 bis 95% relative Luftfeuchte und eine Temperatur von etwa +5°C. Je geringer die Abweichungen von diesen Werten im Laufe des Jahres sind, umso besser ist der Keller. Deshalb kann die Erdschicht nicht dick genug sein. Dichter Bewuchs auf dem Erdkeller und ein Kranz von Büschen und Bäumen mildern zudem Temperaturextreme.
Einmal jährlich, im Frühherbst, muss der Erdkeller sehr sorgfältig gereinigt, und aller Schimmel an Wänden, Decken usw. beseitigt werden.

Außennutzung

Die Südseite des Erdkellers ist im Flachland der ideale Ort für wärmebedürftige Küchenkräuter; der Hang wird dazu terrassiert. Bei uns ist er sogar wie ein kleines, nach Süden geöffnetes Amphitheater angelegt. Dieser Platz ist eine ideale Wärmefalle und ein warmer Sitzplatz an sonnigen Frühlingstagen. Ich habe den Hügel auch gleich etwas größer angelegt, um später einen Windgenerator darauf zu stellen.
Mein Erdkeller ist vielseitig – und liefert mir frische Äpfel bis in den Juni!

Naturkeller auf dem Gelände des Umweltzentrums Hollen

Das Umweltzentrum Hollen, Gemeinde Ganderkesee, ist eine außerschulische Bildungseinrichtung zur Förderung der Bildung für nachhaltige Entwicklung. Die Mitarbeiter bieten seit 1997 Umweltbildungsunterricht an, u.a. mit den Schwerpunkten Ernährung und Landwirtschaft sowie Energiesparen. Das Umweltzentrum befindet sich auf einem 1 ha großen Gelände mit Bauerngarten und Streuobstwiese.
2002 wurde der nachfolgend beschriebene Erdkeller mit einer Nutzfläche von 7,7 qm gebaut (Abb.1). Er dient seither sehr zufriedenstellend zur Lagerung von Gemüse und Kartoffeln.

1 *linke Seite*
Eingang zum Freilandkeller im Umweltzentrum Hollen.

2 Die Baugrube für den Erdkeller wurde mit Hilfe eines Baggers ausgeschachtet und der Aushub seitlich der Grube gelagert, wobei die Eingangsseite frei blieb. In die Schalung für das Streifenfundament wurde Bewehrungseisen eingebracht und dann mit Fertigbeton verfüllt.

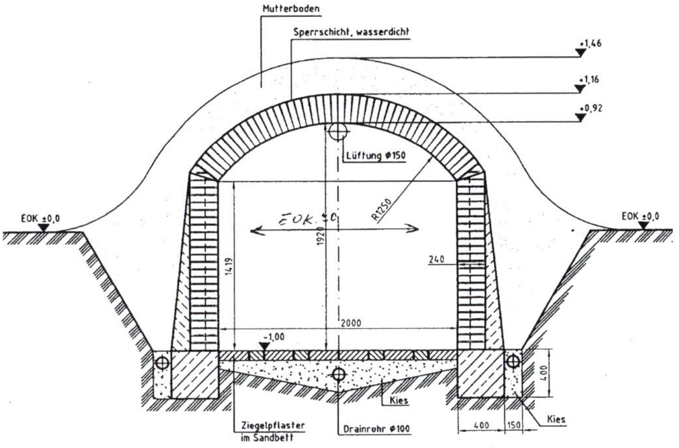

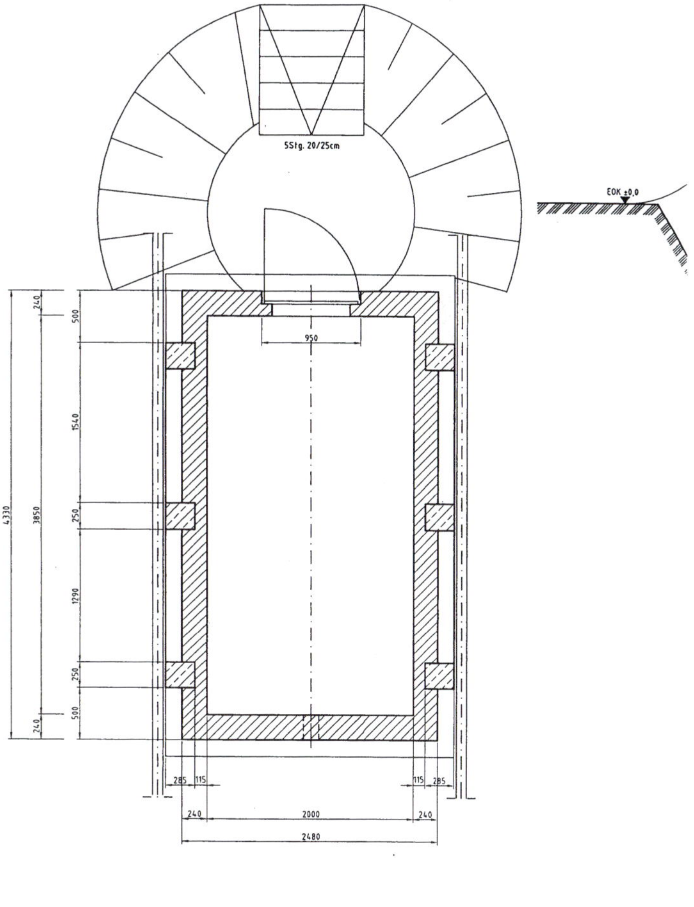

3 Grundriss und Schnitt

4 Aushub für den Dränage-Sammler.

5 Das Fundament hat an den Längsseiten je drei Ausweitungen für zu mauernde Wandstützen.

6 Die Stufen für die Zugangstreppe haben wir – mit einer provisorischen Schalung versehen – auch grob mit Fertigbeton ausgießen lassen. Das Sammelrohr ist eingelassen.

7 Die erste Mauerreihe ist gesetzt.

8 Hier einige Akteure bei der Arbeit am Keller.

9 Der Dränagering wurde um den gesamten Bau herum geführt, mit Kies ummantelt und in den Dränagesammler geführt.

10 Gemauert wurde mit Lochziegelsteinen uneinheitlicher Ausführung, aber gleicher Größe. Die Ziegelsteine bekamen wir kostenlos, wir mussten nur den Transport übernehmen. Zu sehen sind auch die seitlichen Wandstützen.

11 Die Wände werden langsam höher. Der Treppenbogen ist einsteinig gemauert, ebenso der Türrahmen.

12 Der Zuleitungskanal nach draußen ist vielseitig nutzbar.

13 Die Wände haben fast die gewünschte Höhe erreicht.

14 Die Schalungen aus Brettern und Holzpappe für die Rundbogendecke, den Eingangs- und den Türbogen.

15 Die Schablonen für die zu mauernden Rundbögen müssen exakt zur Wand ausgerichtet sein. Das erreicht man, indem das Gerüst mit Brettern und Keilen justiert und die Höhenlinie mit der Wasserwaage ausgerichtet wird.

16 Die obere Mauerreihe der Seitenwände wurde mit einer Flex abgeschrägt, damit die unteren Steine der Gewölbedecke gut aufliegen. Vor dem Mauern der Rundbögen haben wir auf die abgeschrägten Steine der Längswände Zementmörtel aufgebracht.

17 Ein Teil der Rundbogenmauer ist nun fertig. Zum exakten Arbeiten wurde in die erste Bogenreihe, beginnend an der hinteren Mauerecke abwechselnd 1 voller und ½ Stein gelegt und bei der folgenden Bogenreihe mit einem vollen Stein in die Lücke gemauert.

18 Die Rundbogendecke wächst: Hier ist gut zu sehen, wie die Mauersteine ineinander verzahnt werden.

19 Detailsicht: Die Rundbogendecke wird von der linken Wandseite aus gemauert.

20 und 21 Nach ein paar Flex- und Meißelarbeiten wurde die Schalung für die Treppe gefertigt und mit Beton verfüllt. Im vorderen Bereich der Stufen sind Klinker eingelassen. Auch die abschließenden Steine der Treppenwände bestehen aus Vollklinker. So kann kein Regenwasser in die Wand eindringen.

22 Die Kellerdecke ist nun fertig gemauert, von außen wird Erde bis zur Wandoberkante angefüllt.

23 In die Rückwand des Kellers ist ein Lüftungsloch für das Abluftrohr eingelassen. Nun ist auch der gemauerte Türbogen fertig. Die Wände sind zwar schon verfugt, die Oberfläche sieht aber noch unansehnlich aus, da die Steine noch nicht abgesäuert sind.

24 Der Fußboden ist mit „weichen" Vollziegeln im Sandbett ausgelegt, quer zur Längsrichtung des Raumes.

25 Hier ist der Türbogen zum Keller zu sehen.

26 Der Anschluss zwischen Rückwand und Gewölbedecke wurde sorgfältig verputzt, um übermäßiges Eindringen von Feuchtigkeit zu verhindern.

27 Die Rundbogendecke ist mit einer 10 cm dicken Lehmschicht abgedichtet. Zu erkennen ist auch das Entlüftungsrohr.

28 Für einen klumpenfreien Auftrag wurde der Lehm im Mischer homogenisiert und streichfähig durchfeuchtet.

29 Inzwischen ist die Zeit fortgeschritten, Raureif ist zu sehen und der Lehm über Nacht gefroren.

30 Der auf drei Seiten des Kellers gelagerte Erdaushub ist auf den Lehm aufgetragen und darüber eine Schicht Kompost gegeben. Beides zusammen ergab eine Schicht von ca. 70 bis 100 cm Dicke. Das Lüftungsrohr haben wir gegen Nagetiere mit einem engmaschigen Gitter bespannt und mit einer Regenabdeckung versehen.

31 Im Eingangsbereich gibt es eine äußere und eine innere Tür. Beide Türen sind preiswert aus Fichtenbrettern gebaut und mehrmals mit einem Holzschutzanstrich versehen.

32 Die beiden Türen haben im unteren Bereich Lüftungsgitter für die Zuluft.

33 Der Keller in Betrieb. Das Lagern von Getränken bewährte sich nicht, aufgrund der hohen Luftfeuchtigkeit fingen die Etiketten der Flaschen zu schimmeln an.

Naturkeller im Hang

Andreas Holdstein

Wir bewohnen eine ca. 150 Jahre alte Kate, die wir im Jahr 1993 komplett restauriert und umgebaut haben. Den Restaurierungs- und Erneuerungsarbeiten fiel auch der alte Kartoffelkeller zum Opfer, der im Grunde genommen aber auch nichts weiter war als ein ca. 1 x 2 m großes Loch im Küchenboden mit einer Falltür.

So hatten wir jedoch keinerlei Lagermöglichkeiten für das Obst unserer alten Bäume und das Gemüse aus dem Garten, der von Jahr zu Jahr mehr Gestalt annahm. Wir sind zwar keine kompletten Selbstversorger, aber für einige Monate reichen einige der Obst-und Gemüsesorten schon. Vorausgesetzt, sie werden vernünftig gelagert.

Ein Erdkeller musste her. Der Platz war schnell gefunden. Auf unserem 1.500 qm großen Hanggrundstück bot sich die Ecke neben dem Schafstall an. Der Keller konnte in den Hang gebaut werden.

Zuerst wurde mit dem Minibagger ein Loch ausgehoben, etwas größer

1 Frühling: Der Naturkeller ist zartgrün bedeckt.

2 Sommer – nun ist der Keller kräftig eingewachsen.

3 Winter: Die Kellertemperatur sank nie unter +4°C.

3 Der Sandboden wird mit einem Minibagger etwa 0,7 m tief entfernt.

4. Ist die Baugrube waagerecht ausgehoben?

5. ... Und stimmt die Tiefe?

6 Gerüstbretter als Schalung für das Streifenfundament.

als der geplante 2 x 3 m große Keller und ca. 0,7 m tief. Ein Streifenfundament aus Beton wurde gegossen, 20cm hoch und 30 cm breit, mit zwei Eisenstäben (10er Eisen) zur Bewehrung. Als Schalung dienten drei Gerüstbretter von 2 x 3 m und 1 x 4 m. Die Wände wurden mit 30er Porotonsteinen gemauert. Die Türöffnung ist nur 0,65 x 1,60 m groß, da wir unsere alte Saunatür verbaut haben. Rechts und links unterhalb der Türöffnung sichern zwei im 90°-Winkel verlegte und eingemauerte 150 mm KG-Rohre (Kanalgrundrohre für Entwässerung) die Zuluft. Die Wände wurden innen und außen mit Kalkmörtel verputzt. Mit Hilfe einer Schablone aus Sperrholz (Stichhöhe 0,7 m) wurde das Gewölbe aus 11,5er Porotonsteinen erstellt und mit einer Betonschicht inklusive Bewehrung (zwei Stahlmatten) stabilisiert. Im hinteren Bereich der Decke befindet sich die Entlüftung, ein Rohr von ebenfalls 150 mm Durchmesser, das noch mit einer Abdeck-Haube versehen wird, damit es nicht hineinregnet. Gegen unerwünschte Besucher wurden die Zu- und Abluftrohre mit feinmaschigem Draht verschlossen. Zur Dämmung haben wir Stroh verwendet, etwa 40 Hochdruckballen Weizenstroh wurden dicht an dicht auf das Gewölbe gelegt. Als Trennung für die nachfolgende Lehmschicht dient Jutegewebe, das es als Meterware zu kaufen gibt. Auf das Jutegewebe wurde dann Lehm als Feuchtigkeitssperre aufgebracht. Den Lehm haben wir im örtlichen Kieswerk bekommen. Es ist keine erstklassige Qualität, aber die 10 cm dicke Schicht sollte trotzdem ihren Zweck erfüllen. Der Lehm wurde auf dem Anhänger mit einer Fräse durchgerührt, dann aufgetragen und schön nass verschmiert.

Auf den Lehm wurde dann mit Hilfe des Minibaggers eine ca. 20 cm dicke Schicht Erde aufgebracht.

Unser Keller besteht nur aus einem Raum. Im Inneren des Kellers haben wir Vollsteine (Verblender) aus gebranntem Ton im Sandbett verlegt und mit Spielsand eingefegt.

Die vorhandene Saunatür wurde mit Korkplatten gedämmt und holzvertäfelt. Eine kleine Holztreppe führt ca. 50cm und drei Stufen hinab in den Keller. Von außen ist der Zugang eben. Da wir hier in einem Kiesabbaugebiet wohnen und reinen Sandboden haben, brauchten wir keinerlei Drainage o.ä. legen.

Unsere Erfahrungen nach einem Jahr: Wir hatten einen sehr strengen Winter mit Dauerfrost und Temperaturen bis –20°C. Der Keller hat sowohl die gewünschte Temperatur als auch die Luftfeuchtigkeit zuverlässig gehalten. Die Temperatur sank nie unter 4°C, die Luftfeuchtigkeit nie unter 90%. In sehr kalten Nächten haben wir die Zuluftrohre mit Stroh abgedeckt, am nächsten Morgen jedoch wieder geöffnet. Kartoffeln und Äpfel haben sich den ganzen Winter über gehalten. Die Kartoffeln wurden etwas weicher, schmeckten aber hervorragend. Obwohl wir Äpfel und Kartoffeln in einem Raum gelagert haben, waren sie dennoch gut genießbar. Wir haben sie möglichst weit voneinander entfernt in Regalen gelagert. Auf den Marmeladengläsern, die wir ebenfalls im Keller untergebracht hatten, hat sich etwas Schimmel abgesetzt.

Was würden wir anders machen?

Die Ausrichtung des Kellers war vorgegeben, da sich der Eingang natürlich zum Haus hin befinden sollte. So zeigt die Front des Kellers Richtung Süden. Da keine Bäume als Beschattung vorhanden sind, hat sich der

Keller während einer mehrwöchigen Hitzeperiode im Juni aufgeheizt. Die Temperatur im Keller stieg bis auf 12° C. In Anbetracht dessen, dass den ganzen Tag die Sonne auf die Südfront geschienen hat, ist das allerdings immer noch beachtlich wenig. Allerdings hält der Keller durch seine hervorragende Dämmung die Temperatur und hatte Ende November bei Außentemperaturen knapp über dem Gefrierpunkt immer noch 10° C. Hier muss also unbedingt eine Beschattung her. Um die Temperatur im Keller über das Jahr konstant zu halten, würden wir beim nächsten Bau auch die Zuluftrohre über eine größere Strecke, bis zu fünf Meter, im Erdreich verlegen. Eine Kleinigkeit: Nicht nur die Tür, auch der Türrahmen muss gedämmt werden, da sich hier sonst Feuchtigkeit ablagert. Außerdem hatten wir die Baugrube zu klein ausgebaggert, es war während der Bauphase zu wenig Bewegungsraum um den Keller herum.
Die Arbeitszeit betrug ca. 100 Stunden. Die Kosten lassen sich schlecht beziffern, da Einiges an Material vorhanden war. Die reinen Materialkosten dürften bei Kauf inklusive der Baggermiete ca. 1.500 € betragen.

7 Beton mischen für das Streifenfundament.

8 Streifenfundament aus Beton mit Eisenbewehrung.

9 Die ersten Porotonsteine sind auf einer Lage Bitumenpappe als Sperrschicht gesetzt.

10 Als Zuluftöffnung werden KG-Rohre mit 90° Winkelstück eingemauert.

11 Der Architekt „oh Schande“ rief, „mein Neubau steht am Rande schief“. Nein, hier ist alles im Lot!

12 Der Bau macht Fortschritte.

13 Mit Hilfe einer Holzschablone wird die gewölbte Ziegeldecke errichtet.

14 Die Ziegeldecke wird mit Beton und Bewehrung (2 Stahlmatten) stabilisiert.

15 Aufbringen der Betonschicht.

16 Die Türseite wird hochgemauert.

17 Im hinteren Bereich ragt das Entlüftungsrohr aus der Decke.

18 Die Wände werden innen und außen mit Kalkmörtel verputzt.

19 Der seitliche Arbeitsraum ist schon mit Erde verfüllt. Die Türöffnung ist nicht groß, so können wir unsere alte Saunatür (0,65 x 1,60 m) wiederverwenden.

20 Als Wärmedämmschicht dienen Weizenstroh-Hochdruckballen.

21 Dämmen mit Stroh: Gut und preiswert.

22 Auf die Strohballen wird Jutegewebe aufgebracht.

23 Das Jutegewebe dient als Trennlage für die folgende Lehmschicht

24 Die Strohballen werden sehr sorgfältig umhüllt ...

25 ... aber das Entlüftungsrohr natürlich ausgespart.

26 Auf das Jutegewebe wird nun eine Lehmschicht aufgetragen.

27 Der Erdkeller von hinten. Die 10 cm dicke Lehmschicht dient als Feuchtigkeitssperre.

28 Der Erdkeller von vorn. Auf den Lehm wird mit Hilfe des Minibaggers eine Schicht Erde aufgebracht.

29 Der Naturkeller ist jetzt erdumhüllt und der Eingangsbereich dekorativ mit Natursteinen verkleidet.

30 Herbst: Unser Erdkeller in Betrieb - einfache Holzregale stehen auf einem Fußboden aus Tonsteinen, die im Sandbett verlegt sind.

Bau eines Weinkellers

Im Gegensatz zu unserem Naturkeller für die Frischlagerung von Obst und Gemüse, in dem eine hohe Luftfeuchtigkeit gewünscht war, sollte der zweite Keller, der im Odenwald gebaut wurde, als Weinkeller (Abb. 1 bis 7) dienen und daher eine nicht so hohe Luftfeuchtigkeit aufweisen. Die Bauweise ist aber im Prinzip die gleiche. Allerdings wurde hier der Boden gegen aufsteigende Feuchtigkeit mit 20 cm dicken Styroporplatten gedämmt. Die Belüftung erfolgt bei diesem Keller nur durch ein Gitter in der Tür (wurde nachträglich eingebaut), die Abluft wird durch ein Rohr in der Decke abgeführt. Auf die Gewölbedecke ist ein Isolieranstrich aufgetragen, Wände und Decke sind mit Noppenbahnen wasserdicht abgedeckt. Die Blechtür wurde gedämmt. Auch dieser Keller wurde direkt in den Hang gebaut. Die Baufamilie ist mit dem Keller sehr zufrieden. Die Luftfeuchtigkeit liegt bei 70%. Auch kleine Mengen an Gemüse lassen sich in diesem Weinkeller gut aufbewahren.

Familie Holdstein, Waldweg 28,
24326 Stocksee, Tel.: 04526/8524;
E-Mail: nutztierarche.stocksee@gmail.com

Alle Fotos: Familie Holdstein

1 Bau eines Weinkellers im Odenwald.

2 Auch der Weinkeller ist in den Hang gebaut: Porotonsteine für die Wände, Ziegelgewölbe mit armierter Betonschicht als Decke.

3 Auf das Ziegelgewölbe wird eine armierte Betonschicht aufgebracht. Links oben ist das Entlüftungsrohr zu sehen.

4 Anders als im Naturkeller für Obst und Gemüse wird hier der Boden gegen aufsteigende Feuchtigkeit mit Styroporplatten gedämmt.

5 Der Weinkeller erhält als Zuluft nur ein Lüftungsgitter, eingebaut in die wärmegedämmte Tür.

6 Bevor mit Erde angeschüttet wird, werden Wände und Decke mit Noppenbahnen wasserdicht abgedeckt.

7 Winter: Alle sind zufrieden – der Weinkeller funktioniert. In die wärmegedämmte Tür ist inzwischen ein Lüftungsgitter eingebaut.

Unser Erdkeller

Karin Bucher und Matthias Hosse

Um unser selbst angebautes Obst und Gemüse auch noch längere Zeit nach der Ernte so frisch wie möglich genießen zu können, wollten wir einen Erdkeller auf unserem Grundstück bauen. An den Standort des zukünftigen Bauwerkes gab es einige Anforderungen, denn der Keller sollte weitgehend in der Erde liegen und an der höchsten Gewölbespitze noch eine mindestens 0,5 bis 0,75 Meter Erdschicht erhalten. Das bedeutete, dass der Grundwasserspiegel nicht hoch sein, und der Bauplatz keine störenden Wasseradern enthalten sollte. Weiterhin durften sich in der Erde weder Felsen oder große Steinplatten, noch Erdkabel oder Be- bzw. Entwässerungsrohre befinden. Vorsichtshalber ließen wir uns von einem Wünschelrutengänger bestätigen, dass sich am vorgesehenen Bauplatz keine störenden Wasseradern befanden. Wir vertrauten seinem Urteil, denn selbiger Wünschelrutengänger hatte vorher die Wasserader für einen geplanten Brunnen fast punktgenau ermitteln können! Die Investition für einen Wünschelrutengänger lohnt sich, denn es wäre uns teurer gekommen, hätte der Bagger das Loch wieder zuschaufeln und an anderer Stelle graben müssen. Des Weiteren musste der zukünftige Standort des Kellers für Baumaschinen gut zugänglich sein, ohne dass der Garten hinterher verwüstet sein würde. Der Bagger sollte direkt an die auszuhebende Baugrube fahren können, ebenso der Lastwagen, der die Erde abtransportieren würde. Auch der Betonmischer, der das Material für das Streifenfundament anliefern sollte, musste möglichst nah an die Baugrube fahren können, wie auch der Kranwagen, mit dessen Hilfe die Gewölbebögen auf das Mauerwerk gesetzt werden würden. Und wichtig war auch, dass die Baugrube von allen Seiten mit der Schubkarre bequem zu befahren sein würde.

Der beste Boden für einen Erdkeller ist lehmige, feste Erde, der ideale Standort ist schattig und hat Nordhanglage. Wir hatten allerdings nur einen Südhang zur Verfügung, so dass die Eingangstür viel Sonne erhalten würde. Um die Sonnenwärme von der Tür des Kellerhauptraumes abzuhalten wollten wir deshalb unseren Keller zweitürig bauen, mit einer „Klimaschleuse" dazwischen. Generell ist der Kellereingang natürlich am besten auf der Nordseite. Den Eingangsbereich an die West- oder

1 Unser Erdkeller. Mit Steintreppe und einer Holztür aus Lärche. Die Holztür verzieht sich allerdings je nach Luftfeuchtigkeit erheblich, so dass sie sich dann im eng sitzenden Türrahmen nur schwer öffnen lässt.
Besser wäre gewesen, wenn die Tür auf dem Türrahmen aufliegen würde, d.h. wenn wir sie mit etwas Überstand, also den Rahmen überlappend, eingebaut hätten.

2 Der Keller im Bau. Hier werden die Gewölbesegment-Fertigteile aufgesetzt. Foto: Lindner Gewölbeelemente, Cham

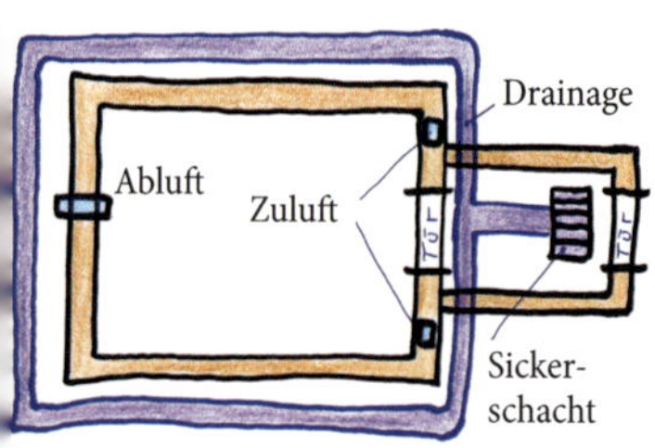

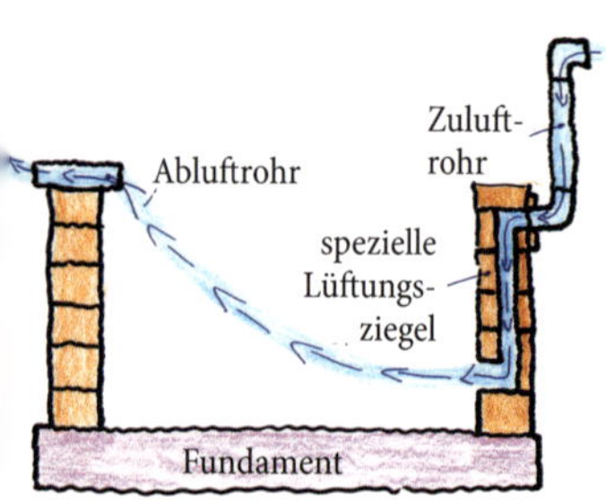

3 Zuluft- und Abluftführung in Grundriss und Schnitt.

Ostseite zu legen, ist nicht zu empfehlen, dort sollten sich die längeren Seitenwände befinden, damit der Keller gut zu belüften ist.

Mit unserem Bauprojekt fingen wir im Frühjahr an, wir sahen realistisch, dass sich der (Selbst-)Bau mehrere Monate lang hinziehen würde und wir wollten auf alle Fälle vor Beginn der kälteren Jahreszeit fertig sein, wenn es nicht mehr viel Spaß macht, draußen zu arbeiten. Abgesehen davon, dass es auch nichts bringt, wenn der nasse Innenputz vor Kälte von der Decke fällt.

Es zeigte sich, dass eine sorgfältige Planung des Bauablaufs wichtig war, auch, um die Kosten für den Keller nicht unnötig in die Höhe zu treiben. Denn wenn der Bagger die Baugrube aushebt, sollte zeitgleich ein Lastwagen da sein, der einen Großteil der ausgehobenen Erde abtransportiert bzw. an anderer Stelle des Grundstücks abládt. Ein Teil des Aushubs wurde an der Baugrube gelagert, damit nach dem Kellerbau der seitliche Arbeitsraum mit Erde wieder verfüllt werden konnte und noch ausreichend Material für die Erdschicht über dem Keller da war. Hier muss das Timing stimmen, sonst gibt es für den Baggerfahrer unnötige Pausen, wenn der Lastwagen für den Transport des Erdaushubs noch nicht zurück ist. Bei guter Planung und wenn der Baggerfahrer einigermaßen auf Zack ist, kann diese Arbeit innerhalb eines Nachmittags erledigt sein.

Das Ringfundament unseres Kellers ist 50 cm tief und 5 cm breiter als die Steine des Mauerwerks. Die alten Erdkeller wurden meist mit Vollziegel gemauert, wir benutzten die preislich günstigeren und leichteren Hohlmauerziegel (36 cm breit, mit höherer Rohdichte), auch wenn Vollziegel vielleicht ein besseres Kellerklima schaffen. Die Wände, auf die die Gewölbebögen gesetzt werden, haben wir ca. 1,80 m hoch gemauert, vom Fundament gemessen.

Traditionell haben Vorratskeller eine Gewölbedecke und eine solche wollten wir auch haben. Ein Gewölbe selbst zu mauern, hätten wir uns allerdings nicht zugetraut, das ist mit Sicherheit eine Sache für sich. Nicht einmal jeder Maurer traut sich so eine Aktion sofort zu. Zum Glück gibt es in unserem Wohnort aber eine Ziegelei, die fertige Gewölbesegmente in unterschiedlichen Abmessungen anbietet. Die lassen sich recht einfach einbauen, sind statisch sehr belastbar, sie verlagern die Kraft, die von oben auf das Gewölbe drückt, auf das Mauerwerk. Wir wählten für unseren Keller 6 solcher Gewölbebögen, jeweils 50 cm breit, mit einer Spannweite von ca. 2,50 m. Die Gewölbebögen werden einzeln auf die längs verlaufenden Kellermauern aufgesetzt und die Fugen mit Mörtel verschlossen. Das Maß der Bögen bestimmt die nutzbare Fläche des Keller (bei uns ca. 6 qm). An

4 Der Bauherr vor seinem Naturkeller-Rohbau. Noch ist der Vorraum nicht erstellt. Vorne im Bild links ist der Aufsatz der Sickergrube zu sehen.

5 Der halbfertige Keller von vorne.

6 Hier ist die Dränage zu sehen, die um den Erdkeller herum gelegt ist. Das Dränagerohr ist mit Vlies abgedeckt, um zu verhindern, dass Schlamm und Sand hineingewaschen werden kann. Auf das Vlies wird noch Rollkies aufgebracht. Das graue PVC-Rohr ist die linksseitige Lüftung, mit Rohrschellen an der Decke des Vorraumes angebracht.

den beiden Schmalseiten – bei uns der Eingangsbereich auf der Südseite und die hintere Wand nordseitig – können die Mauern innen oder außerhalb des Gewölbebogens hochgezogen werden. Wir entschieden uns dafür, die Mauern innen hochzuziehen und sie an die Bögen anzupassen, auch wenn dadurch etwas Innenraum (die Fläche von je einer Steindicke an der Eingangs- und Rückseite) verloren ging. Die Baugrube ließen wir so groß ausheben, dass an jeder Seite noch ein Freiraum von ca. 0,5 m war, zum einem als Arbeitsraum für den Außenputz (Lehmputz), zum anderen natürlich für die Dränage und auch das Stromkabel musste von außen durch die Mauer verlegt werden.
Die stahlarmierten Gewölbefertigbögen wurden mit einem Kran auf das Mauerwerk aufgesetzt, die einzelnen Bögen mit Betonmörtel auf die Mauer aufgesetzt und damit auch die Stöße der Bogensegmente miteinander verbunden. Hier zahlte es sich aus, dass wir beim Hochmauern das Maß der Bogenspannweite gut eingehalten hatten, so sitzen die Bögen ohne unschöne Stufe auf der Mauer auf. Am hinteren Ende mauerten wir den Halbkreis bis in die Gewölbespitze hoch und setzten dort auch gleich oben das Abluftrohr ein. Die Zuluftrohre sind im vorderen Bereich angeordnet, jeweils links und rechts von der Tür im Hauptraum (siehe Schlitze in der Abbildung). Die Zuluftleitung läuft durch spezielle Kaminziegel in der Wand nach unten, damit die kältere Luft unten im Hauptraum austreten kann. Durch die Abluftleitung in der gegenüberliegenden Wand oben wird die Luft wieder nach draußen geleitet (siehe Abb. 3). An der Vorderseite wurden Türsturz und Türstock eingemauert. Die Gewölbebögen haben wir außen mit einem Bitumenanstrich versehen. Die Wände erhielten außen nur einen Lehmputz, innen verputz-

Die Gewölbebögen stammen aus der Ziegelei Johann Lindner, Siechen 12, 93413 Cham www.ziegelei-lindner.de

ten wir die Wände und die Gewölbedecke mit einem Sand-Kalk-Gemisch, da wäre wohl auch eine einfache Kalkschlämme ausreichend gewesen. Auf dem gewachsenen Boden unseres Kellers verlegten wir auf einer Ziegelsplittschicht lose 5,5 cm dicke Vollziegelplatten.

Der Keller, 6 qm groß, kostete uns etwa 1000 € pro qm Fläche, wobei die gemauerten Bögen (die für uns aber den Reiz des Kellers ausmachen) und die beiden gezimmerten Vollholztüren (Lärche) natürlich schon ganz gut zu Buche schlagen. Wir lagern in unserem Erdkeller Gemüse, Obst und Kartoffeln. Zwar heißt es immer, Obst und Gemüse sollten nicht zusammen in einem Raum aufbewahrt werden, wir haben aber bis heute noch keine Probleme damit gehabt. Vor größeren Festen ist der Keller auch als großräumiger Zweitkühlschrank für Getränke und Speisen praktisch. Wir sind sehr zufrieden ihm, Chinakohl z.B. hielt sich letztes Jahr 6 Monate knackfrisch in unserem Keller!

7 Auf die Optik haben wir viel Wert gelegt und die zum Keller führenden Außenwände wie auch die Treppe rustikal in schweißtreibender Arbeit aus Feldsteinen gebaut.

8 Die Rückseite des Erdkellers, aus der das Abluftrohr führt. Das Rohr ist wieder mit Rohrschellen fixiert. Das Gewölbe wurde mit einem Bitumenanstrich versehen, eine Schicht Lehm aufgebracht und dann mit Erdreich abgedeckt.

9 Der Bau schreitet voran. Hier unser Keller, seitlich mit einem Lehmputz versehen und schon teilweise mit Erde verfüllt, oben der stolze Bauherr.

10 Der Vorraum des Erdkellers, noch ohne Ziegelpflaster, nur mit Ziegelsplitt. In der Mitte ist der Ablauf zur Sickergrube zu sehen (eine Vorsichtsmaßnahme, falls der Keller mal von außen überschwemmt werden sollte). Dorthin wird auch das Dränagerohr geführt.

11 Die 5,5 cm dicke Vollziegel-Platten für den Boden vor dem Verlegen auf einer Ausgleichsschicht, hier nicht aus Sand, sondern aus Ziegelsplitt. Noch sind die Ziegelplatten hell und trocken. Nach ein paar Stunden verfärben sich die Ziegel rot, da das Wasser des Bodens bzw. Feuchtigkeit in die Ziegel wandert.

12 Der Boden im Eingangsbereich und im Keller ist verlegt. Rechts im Bild ist eine der beiden Zuluftöffnungen zu sehen.

13 Die Vollziegelsteine werden immer versetzt zueinander und mit einer kleinen Fuge verlegt. In diese Fuge wird später Sand mit einem Besen gefegt, nachdem die Ziegel mit einem Gummihammer ein wenig im gelockerten Ziegelsplitt fixiert werden.

14 Blick in den Erdkeller und auf die schöne Fertigteil-Gewölbedecke. Das Aufbringen des Kalk-Sand-Putzes kostete uns als Laien allerdings viel Mühe und wäre nicht nötig gewesen.

15 Der Erdkeller ist fertig. Die 3 Rohre bilden das Lüftungssystem. Die vorderen beiden Rohre sorgen für die Zuluft, hinten befindet sich das Entlüftungsrohr. Somit kann die Luft im Keller gut zirkulieren und Schimmel wird vermieden.

16 Der Erdkeller ist bepflanzt. Es ist sehr wichtig, dass der Bewuchs über dem Keller sorgsam ausgewählt wird. Die Wurzeln der Pflanzen dürfen nicht zu tief wuchern. Die Oberseite sollte mit vielen Büschen bewachsen sein. Das spendet im Sommer viel Schatten und die Erde über dem Keller wärmt sich nicht so leicht auf. Das optimiert das Klima im Keller.

5 Frischlagerung von A bis Z

Die mögliche Lagerdauer von Gemüse und Obst im Vorratskeller wird nur zu einem Teil durch den Einfluss der Raumtemperatur, der relativen Feuchtigkeit und der Zusammensetzung der Atmosphäre im Raum bestimmt. Auch die Qualität des Obstes und Gemüses spielt eine maßgebliche Rolle bei der Frischlagerung.
Sicher ist, dass die meisten Fäulniserreger und Schimmelpilze nicht in der Lage sind, während der Lagerung vorzeitig gesunde, unverletzte Gartenfrüchte zu befallen. Durch Druckstellen, Schädlinge oder Krankheiten vorgeschädigtes Obst oder Gemüse wird dort allerdings besonders schnell verderben. Aber auch z.B. die Sorte, Anbau- und Pflegebedingung, und die Behandlung der Gartenerzeugnisse während und nach der Ernte beeinflussen maßgeblich die mögliche Frischhaltedauer. Ebenso nicht unwichtig sind der Zeitpunkt der Ernte und das Reifestadium der Lebensmittel sowie die Art der Verpackung und Stapelung im Keller.
Es ist deshalb auch nicht möglich, genaue Aussagen über die Lagerfähigkeit der einzelnen Gemüse- und Obstsorten zu treffen. Die im Folgenden angegebenen Werte sind aus verschiedenen Literaturquellen zusammengestellt und können nur einen Überblick über mögliche Haltbarkeitsspannen geben.

Quellen: (1), (3), (4), (6), (8), (17), (52), (59), (68), (70), (71), (74), (75), (76), (77)

Die Lagerfähigkeit von Gemüse

Auberginen (Eierfrüchte)

Bei Auberginen können Lagertemperaturen unter 8°C Kälteschäden verursachen. Sie werden deshalb am besten bei Temperaturen zwischen 8°C und 10°C aufbewahrt, und da sie zum Austrocknen neigen, bei einer Luftfeuchtigkeit von 90 bis 95%. Sie sind nur kurzzeitig etwa 2 Wochen lagerfähig. Es sollten nur gutgefärbte, festfleischige Früchte mit längerem Stiel eingelagert werden, da der Stiel die Fäulnisgefahr mindert.

Bleich- oder Stangensellerie

Bleich- oder Stangensellerie sollte so lange wie möglich im Garten gelassen und direkt verbraucht werden. Bei stärkeren Frösten wird er mit einer Stroh- oder Mulchdecke geschützt. Bleich- oder Stangensellerie kann auch mit Wurzel ausgegraben und an einem geschützten Ort in trockener Erde gelagert werden. Bei 0°C bis +1°C und einer Luftfeuchtigkeit von 90 bis 95% ist er ca. 4 Wochen haltbar, bei +5°C nur 8 bis 10 Tage. Bleich- oder Stangensellerie mit abgeschnittenen Wurzeln wird am besten in gelochten Folienbeuteln aufbewahrt.

Blumenkohl

Blumenkohl ist frostempfindlich, bei länger anhaltenden Temperaturen unter -1°C wird die Blume glasig, verfärbt sich später grau-schwarz und bekommt einen strengen Kohlgeruch. Blumenkohl lässt sich nur kurzzeitig unbehandelt aufbewahren. Die günstigste Lagertemperatur liegt zwischen -1°C und 0°C, bei einer Luftfeuchtigkeit von 90%. Unter diesen Bedingungen ist gesunder, trockener und mit vollem Deckblatt eingelagerter Blumenkohl 6 bis 10 Wochen haltbar. Die Abnahme der Lagerfähigkeit zeigt sich am Welken oder Abfallen der Außenblätter, die Rose selbst ist widerstandsfähiger. Blumenkohl wird mit vollem Umblatt offen in Steigen gelagert, die z.B. mit Ölpapier oder Pergament ausgelegt werden. Er lässt sich aber auch einzeln ohne Umblatt im perforierten Polyethylenbeutel aufbewahren. Gute Erfahrungen sind auch gemacht worden, wenn er mitsamt seiner Wurzel ausgegraben und im Lagerkeller in sandiger Erde wieder eingepflanzt wurde (häufiger ein wenig gießen). Als Hauptschaden zeigen sich bei der Lagerung schwarze, rußähnliche Flecken auf dem Blumenkohl, die von Pilzbefall herrühren. Dieser Befall wird begünstigt, wenn der Blumenkohl feucht (nach Regenfällen oder starkem Tau) eingelagert wird. Früh- und Sommerblumenkohl sind weniger haltbar als Blumenkohl, der erst im späten Herbst geerntet wird.

Brokkoli

Brokkoli lässt sich wie Blumenkohl aufbewahren, allerdings ist seine Haltbarkeit in der Regel mindestens um ein Drittel der Zeit kürzer. Da er mäßigen Frost recht gut verträgt, ist es besser, ihn nicht einzulagern, sondern ihn bis etwa Ende November frisch aus dem Garten zu verbrauchen.

Chicorée

Die Wurzeln der Zichorie, aus denen später bei völliger Dunkelheit ein gebleichter Spross treibt, der als Chicorée bekannt ist, werden Ende Oktober bis spätestens Ende November im Garten ausgegraben. Die Wurzeln werden im Gemüsekeller in Erde oder Sand eingeschlagen und bei Bedarf in kleinen Mengen zum Austreiben gebracht. Dazu wird bei Sorten, die ohne Deckerde treiben, z.B. ein 10-l-Eimer zur Hälfte bis zwei Drittel mit feuchtem Sand gefüllt und dort dicht nebeneinander einige Wurzeln so eingepflanzt, dass ihr Wurzelansatz etwa eine Daumenbreite aus dem Sand ragt. Wichtig ist, dass das Gefäß völlig dunkel steht, deshalb wird der Eimer mit Packpapier oder einem zweiten Eimer abgedeckt und einige Tage bei einer Raumtemperatur von etwa 10°C aufbewahrt, danach an einem warmen Ort (18 - 20°C). Ab und zu werden die Wurzeln begossen und nach 4 bis 5 Wochen können die bekannten weißgelben Chicoréestauden geerntet werden, indem die Triebe ca. 2 cm über der Wurzel abgeschnitten werden. Meist wachsen ein zweites Mal Triebe nach.

Chinakohl

Chinakohl verträgt Frost bis -5°C. Um ihn möglichst spät zu ernten, kann er im Freien durch Mulch oder Stroh vor etwas stärkeren Frösten geschützt werden. Wie auch bei Weiß- und Rotkohl sollten für die Lagerung die äußeren Blätter am besten nicht entfernt werden, da sie für die darunterliegenden Blattschichten einen guten Schutz bieten. Er wird mit Wurzeln ausgegraben, oben zusammengebunden und entweder in feuchtem Sand oder feuchter Erde eingegraben, oder aber ohne Wurzeln und Strunk in Folie verpackt in Kisten oder Regalen gelagert. So soll er sich bei ca. +6°C Lufttemperatur mindestens 4 bis 6 Wochen halten.

Erbsen

Erbsen sind für die Kellerlagerung nicht geeignet.

Feldsalat

Feldsalat ist ein typischer Wintersalat und kann von Oktober bis April frisch aus dem Garten geerntet werden. Starker Frost ist ihm allerdings nicht zuträglich. Wird er im Frühbeet oder im Gewächshaus angepflanzt, ist es möglich, ihn auch bei Schnee zu ernten.

Fenchel

Gemüsefenchel ist im Keller einige Wochen haltbar. Da er zum Austrocknen neigt, wird er ohne Wurzeln und mit gestutzten Blättern in feuchtem Sand senkrecht stehend eingekellert.

Grüne Bohnen

Bohnen sind sehr temperaturempfindlich und zur längeren Einlagerung nicht geeignet. Sie neigen zum Austrocknen und Strohigwerden. Bei +7°C bis +8°C und einer Luftfeuchtigkeit von 90 - 95% können Bohnen etwa 10 Tage lang frischgehalten werden. Gelagert werden sie besser in offenen Spankörben als in Beuteln.

Grünkohl (Braunkohl)

Grünkohl braucht nicht eingekellert zu werden, er ist frostbeständig und lässt sich bis zum Frühjahr frisch aus dem Garten ernten. Des besseren Geschmacks wegen sollte die Ernte erst nach dem ersten Frost beginnen. Sollte es dennoch mal erforderlich sein, ihn zu lagern, dann so kalt wie möglich. In Gegenden mit viel Schnee wird er gern mit Wurzeln und anhaftender Erde an einer geschützten Hauswand eingegraben. Erfahrungen aus der Kühllagerung zeigen, dass er bei einer Lagertemperatur von -2°C und einer Luftfeuchte von 95% maximal 8 bis 12 Wochen haltbar ist, bei einer Temperatur von -0,5°C nicht mehr als 3 bis 4 Wochen.

Gurken

Gurken sind sehr kälteempfindlich, unterhalb von +4°C bekommen sie schon nach kurzer Zeit Kälteschäden. Sie sind nur sehr begrenzt haltbar, je nach Sorte können sie bei +10°C und bei 85 bis 95% relativer Luftfeuchtigkeit etwa 2 Wochen gelagert werden. Danach fangen sie schnell an zu verderben, sichtbar am Auftreten weicher, leicht einzudrückender Stellen an der Fruchtschale, die in Schimmel übergehen. Ihr Verfall wird beschleunigt, wenn sie im gleichen Raum mit Äthylenproduzenten wie z.B. Äpfel und Tomaten gelagert werden. Werden Gurken in ungelochte Folienbeutel verpackt, soll sich die Haltbarkeit etwas erhöhen.

Kartoffeln

Die für die Einlagerung geeigneten Kartoffelsorten sind bei +4 bis +6°C und 90 bis 95% Luftfeuchtigkeit bei sachgemäßem Einkellern bis zu 8 Monate lagerfähig. Ihr Zustand bei der Einlagerung hat einen großen Einfluss auf die Haltbarkeit. Sie werden ungewaschen im dunklen Keller am besten in den bekannten luftdurchlässigen Kartoffelkisten aufbewahrt. Ist der Keller zu trocken oder zu hell, fangen sie bald an zu schrumpfen und zu keimen. Kartoffeln sind sehr kälteempfindlich, bei Temperaturen um 0°C wandelt sich als eine Art von Kälteschaden ihre Stärke in Zucker um, sie schmecken dann widerlich süß. Es gibt widersprüchliche Meinungen darüber, ob Kartoffeln neben Äpfeln und anderem Kernobst gelagert werden sollten. Traditionell wurde davon abgeraten, da dies den Austrieb der Kartoffeln fördern würde. Es gibt aber auch die Auffassung, dass die Ethylen-Absonderung der Äpfel gerade die Keimung der Kartoffeln verhindert. Da hilft nur: Ausprobieren!

Knoblauch

Knoblauchpflanzen werden an der Sonne vorgetrocknet und dann wie Zwiebeln zu einem Zopf zusammengeflochten oder einfach gebündelt und an einem kühlen, trockenen Platz aufbewahrt. Bei 0°C und 65 bis 75% Luftfeuchtigkeit können sie sich 6 bis 7 Monate halten, ab ca. +8°C fangen sie relativ bald an auszutreiben, bei einer Luftfeuchtigkeit über 75% neigen die Knollen zu Fäulnis.

Kohlrabi

Kohlrabi ist frostempfindlich und darf deshalb nicht zu spät geerntet werden. Am besten wird Kohlrabi mit teilweise abgeschnittenem Blatt in feuchtem Sand eingelagert. Bei einer Lagertemperatur von +0,5°C bis +1°C und einer Luftfeuchtigkeit von 90% soll er 4 bis 5 Monate haltbar sein, unter üblichen Vorratskellerbedingungen etwa 6 bis 8 Wochen.

Kopfkohl (Weiß- und Rotkohl)

Die Kopfkohlarten sind bei guten Lagerbedingungen recht unproblematisch aufzubewahren. Die späten Kohlsorten vertragen Temperaturen bis -5°C und werden am besten mit 3 bis 4 Deckblättern in losen Stapeln so in Erdmieten gelagert, dass die Köpfe gut belüftet sind. Dadurch kann die anhaftende Oberflächenfeuchtigkeit entweichen, die Eigentemperatur des Lagergutes sinkt, die äußeren Deckblätter trocknen aus und bilden eine Schutzhülle. Bei der Aufbewahrung im Keller soll Kohl am längsten haltbar sein, wenn die Pflanzen samt Wurzeln mit dem Kopf nach unten aufgehängt werden. Rotkohl ist, je nach Lagerbedingung etwa 2 Monate, Weißkohl etwa 3 Monate und länger haltbar.

Kürbis

Speise- und Gartenkürbisse sind kälteempfindlich und fangen bei Lagertemperaturen unter +10°C gern zu faulen an. Aufgrund ihrer dicken Schale spielt die Feuchtigkeit keine große Rolle. Bei einer Lufttemperatur von über +10°C und 60 bis 70% rel. Feuchte halten sie sich bis zu 3 Monate. Um fäulnisfördernde Druckstellen zu vermeiden, wird empfohlen, Kürbisse einzeln in Netzen oder Tüchern hängend aufzubewahren.

Meerrettich

Meerrettich kann in Sand oder Folie eingeschlagen gelagert werden. Er sollte nicht vor Oktober/November geerntet werden, da er sonst aufgrund seiner höheren Stoffwechselaktivität schnell an Schärfe verliert.

Mohrrüben (Möhren)

Wichtig für die Lagerung von Möhren sind ihre gute Qualität und die Bedingung, dass sie trocken zur Einlagerung kommen. Angestoßene oder angefressene Mohrrüben sollten nicht gelagert werden. Für die Lagerdauer soll es unwesentlich sein, ob die Mohrrüben mit oder ohne Kraut, gewaschen oder ungewaschen gelagert werden. Mohrrüben können in losen Stapeln in Erd-Stroh-Mieten aufbewahrt oder mit Sand oder Holzspänen eingekellert werden. Im Keller oder in Erdmieten halten sich Mohrrüben bis zu 5 Monate. Sie sollten möglichst nicht zusammen mit Kernobst, Tomaten und anderen Naturalien, die Äthylen abgeben, gelagert werden, da dies das Bitterwerden der Möhren stark fördert. Große Möhren halten sich besser als kleine.

Paprika (Gemüsepaprika)

Gemüsepaprika ist bei +8 bis +9°C und einer Luftfeuchtigkeit von 85 bis 90% bei ausreichender Luftbewegung etwa 10 bis 14 Tage haltbar. Bewährt hat sich das Verpacken in gelochte Folienbeutel, da Gemüsepaprika zum Schrumpfen neigt.

Pastinaken

Pastinaken sind nicht frostempfindlich. Um das Wurzelgemüse auch bei Frost oder Schnee verwerten zu können, ist es sinnvoll, die Pflanzen vorsichtig auszugraben, das Kraut zu entfernen und die Wurzeln im Keller in feuchten Sand einzuschlagen.

Petersilienwurzel

Petersilienwurzeln werden wie Mohrrüben gelagert. Um im Winter frisches Petersiliengrün ernten zu können, werden einzelne Wurzeln zu zwei Drittel in einen Blumentopf eingepflanzt. Sie treiben aus, wenn die Wurzel an einen warmen, hellen Ort (ca. +15°C) gestellt wird.

Porree (Lauch)

Porree braucht gewöhnlich nicht eingelagert werden, er kann den ganzen Winter über frisch geerntet werden, außer in sehr kalten, schneereichen Wintern. Dann ist es vorteilhaft, ihn mitsamt Wurzeln an einem überdachten Ort in Erde oder Sand einzuschlagen (ab und zu gießen). Er kann im Keller nur kurzzeitig frisch gehalten werden. Vor der Einlagerung werden die grünen Blätter des Porrees höchstens bis 10 cm über dem weißen Schaft und die Wurzeln auf 2 cm Länge eingekürzt.

Rettich

Herbst- und Winterrettich können bei 0°C und 95% Luftfeuchtigkeit etwa 4 Monate gelagert werden, bevor sie pelzig werden. Rettich wird Ende Oktober/Anfang November ausgegraben, vom Kraut befreit und wie anderes Wurzelgemüse auch, in feuchtem Sand schichtweise gelagert.

Rosenkohl

Alle Rosenkohlarten sind winterhart, sie schmecken nach den ersten Frösten sogar besser und können während der Wintermonate frisch vom Beet verbraucht werden, vorausgesetzt, der Winter ist nicht allzu schneereich und streng. Dann ist es besser, sie mit Wurzeln auszugraben und im möglichst kalten Keller wieder einzupflanzen, oder den Rosenkohl in perforierter Folie zu lagern. Gute Erfahrungen wurden auch damit gemacht, dass von der Pflanze nur die Blätter entfernt wurden und der ganze Stamm mit den Röschen kopfunter aufgehängt wurde. Bei Temperaturen über 0°C vermindert beschleunigtes Gelbwerden der äußeren Deckblätter und Fäule die Qualität schnell. Üblicherweise hält sich Rosenkohl etwa 3 bis 4 Wochen im Keller.

Rote Rüben (Rote Bete)

Bei Temperaturen unter 0°C verändern rote Rüben, ähnlich wie Kartoffeln, ihren Geschmack. Sie werden deshalb vor den ersten Frösten vorsichtig ausgegraben, und am besten in leicht feuchtem Sand eingekellert, nachdem ihr Laub bis auf 3 cm über dem Wurzelansatz eingekürzt wurde. Im Gemüsekeller sind sie 3 bis 4 Monate lagerfähig.

Schwarzwurzel

Schwarzwurzeln sind winterhart und können im Prinzip in der Erde bleiben. In der Praxis wird man sie wegen des erschwerten Ausgrabens bei frosthartem Boden jedoch besser einkellern. Es sollten nur voll ausgereifte und möglichst unverletzte Wurzeln ohne Blätter ungeputzt eingelagert werden. Ähnlich wie Mohrrüben neigt auch diese Wurzelgemüseart leicht zu Wasserverlusten und damit zum Welken bzw. Schrumpfen. Deshalb muss auch die Luftfeuchtigkeit ausreichend hoch sein, weshalb es besser ist, sie nicht in losen Stapeln aufzubewahren, sondern in feuchte Erde einzuschlagen. im Gemüsekeller sind sie zwischen 1 und 2 Monate haltbar.

Sellerie

Wie alle Wurzelgemüse ist auch Sellerie über längere Zeit gut lagerfähig. Es kann eingemietet oder eingekellert werden. Sellerieknollen vertragen Frost nicht gut, deshalb sollten sie rechtzeitig geerntet werden. Charakteristisch für Frostschäden sind die braunen Löcher im Inneren der Knolle. Es ist von Vorteil, Sellerie ungeputzt einzulagern, da die beim Putzen entstehenden Wundstellen die Schimmelbildung begünstigen. Fäule tritt bevorzugt am Kopf des Selleries auf und ist meist die Folge einer Verletzung bei zu scharfem Abdrehen der Blätter. Deshalb ist es besser, das Kraut erst dann zu entfernen, wenn es gelb ist. Wird Sellerie mit Kohl oder Rüben zusammen gelagert, vermischen sich die Gerüche. Im Gemüsekeller ist Knollensellerie 3 bis 5 Monate haltbar.

Spargel

Spargel ist ein Saisonprodukt und für die Lagerung nur kurzzeitig geeignet. Am längsten frisch bleibt er bei einer Lagertemperatur von +0,5°C bis 1°C und einer Luftfeuchte von 90 bis 95%. Bei dieser Temperatur kann frischgestochen eingelagerter Spargel, sorgfältig in perforierter Polyethylenfolie eingepackt, 5 Wochen und länger haltbar sein. Ohne Verpackung ist Spargel infolge starken Welkens nur wenige Tage haltbar.

Tomaten

Die Tomate ist, ähnlich wie die Bohne, ein Gewächs aus wärmeren Ländern und nicht von Natur aus in unserem Klima heimisch. Werden Tomaten zu lange gelagert, sind sie nicht mehr »schnittfest«, d.h. sie fühlen sich schwammig an und bekommen eine wässrige Beschaffenheit. Außerdem treten bei längerem Lagern gern parasitäre Erkrankungen auf, die sich äußerlich an der Stielansatzstelle als schwarzer Ring zeigen. Runde, schwarze Flecken auf der Frucht, oft mit einem gelb-roten Kreis versehen, sind meist auf eine Pilzinfektion zurückzuführen. Nach Nicolaisen-Scupin (68) richtet sich die beste Lagertemperatur nach dem Reifegrad der Tomaten. So soll sie für ausgefärbte, festfleischige Tomaten zwischen +8°C und +10°C betragen, während halbreife Tomaten (mit beginnender Rotfärbung) eine Temperatur von +12 bis +15°C brauchen, damit sie normal nachreifen. Grüne Tomaten reifen am besten bei +18 bis +20°C nach. Die Luftfeuchtigkeit sollte zwischen 85 und 90% liegen. Die Haltbarkeit mit Stiel gelagerter Früchte ist besser als die ohne Stiel. Gute Erfahrungen wurden auch gemacht, wenn die gesamte Staude mit reifen Tomaten kopfüber mit Wurzeln im Keller aufgehängt wurde. Doch auch bei optimaler Aufbewahrung bleibt die Lagerfähigkeit auf 5 bis 8 Wochen beschränkt. Nach dieser Zeit beginnen auch gesunde, von Pilzen nicht befallene Früchte in stärkerem Maße weich zu werden. Noch grün geerntete Tomaten werden am besten auf Papier so ausgelegt, dass sie sich nicht berühren und vor Lichteinfall mit einer weiteren Lage Papier geschützt sind. Etwa alle 3 Tage sollten sie kontrolliert, die roten verbraucht und die anderen eventuell umgedreht werden.

Topinambur

Topinambur ist winterhart und kann im Freiland verbleiben. Vor Schnee- und Eisperioden ist es günstig, einen Vorrat z.B. wie Kartoffeln einzukellern oder noch besser in feuchten Sand oder feuchte Erde einzulagern.

Winterendivien

Die Winterendivie erträgt Frost bis -5°C, deshalb sollte sie so lang wie möglich im Garten bleiben und vor etwas stärkeren Frösten mit Stroh oder Folie geschützt werden. Im Keller hält sie sich in Folie verpackt bei ihrer günstigsten Lagertemperatur (ca. +0,5°C) etwa 3 Wochen, bevor sie anfängt, schmierige und faule Stellen zu bekommen. Die Salatköpfe können auch mit Wurzel ausgegraben und im Vorratskeller in leicht feuchtem Sand oder feuchter Erde wieder eingegraben werden.

Wirsing

Wirsing ist im Vorratskeller gewöhnlich etwa 6 bis 8 Wochen haltbar.

Zucchini

Zucchini schmecken am zartesten, wenn sie nicht allzu groß sind. Lässt man sie sehr groß wachsen, verlieren sie von ihrem feinen Geschmack, ihre

Schale wird hart und dick und sollte deshalb nicht mehr mitverzehrt werden. Zucchinis sind kälteempfindlich, z.B. entstehen bei +4°C schon nach einigen Tagen Kälteschäden (wässerige Flecken auf der Oberfläche). Sie sind bei +7 bis +10°C und einer Luftfeuchte von 90 bis 95% zwei bis drei Wochen haltbar, wenn sie wie Kürbisse aufgehängt werden.

Zwiebeln

Zwiebeln sind sehr gut haltbar, wenn sie z.B. in trockenen, luftigen Bodenräumen untergebracht werden. Erdmieten und Kellerräume eignen sich dagegen zu ihrer Aufbewahrung wenig.

Die Lagerfähigkeit von Obst

Bei den zur Frischlagerung geeigneten Obstarten steht das Kernobst und da wiederum das Winterobst an erster Stelle. Steinobst lässt sich nur kurze Zeit unbehandelt aufbewahren, das Gleiche gilt für Beerenobst. Stein- und Beerenobst lassen sich ein paar Tage in einem kühlen, trockenen Raum frischhalten. Wichtig ist eine flache Lagerung, Kirschen, Aprikosen, Pflaumen und Zwetschgen sollten möglichst flach auf Hurden oder Brettern aufbewahrt werden. Jeden Tag sind faulige Früchte auszusortieren.

Äpfel

Äpfel sind durch die natürliche lange Haltbarkeit zahlreicher Sorten für die Versorgung mit frischen pflanzlichen Produkten in den Wintermonaten von großer Bedeutung. Ihre Ernte sollte nicht vor der Baumreife erfolgen, da zu früh geerntete Spätsorten auch unter günstigen Lagerbedingungen übermäßig welken, schrumpfen oder aber zu hart bleiben. Der richtige Erntezeitpunkt ist gekommen, wenn einzelne gesunde Früchte vom Baum abfallen und wenn sich die Verbleibenden durch leichtes Drehen oder Anheben vom Baum lösen lassen, ohne dass der Fruchtstiel abbricht, oder Fruchtholz mit abgerissen wird. Die Früchte werden am besten mit einem Obstpflücker geerntet, der an einer langen Stange befestigt ist. Die Äpfel müssen sorgfältig behandelt werden, denn Druckstellen erhöhen die Fäulnisgefahr. Ebenso sind durch tierische Schädlinge, Pilzkrankheiten oder andere Verletzungen geschädigten Früchte nicht für eine längere Einkellerung geeignet. Gelagert werden die Äpfel entweder nebeneinander auf luftigen Lattenrosten (getrocknete Holunderbeeren, zwischen die Äpfel gelegt, sollen die Haltbarkeit verbessern), oder sie werden in lebensmittelgeeignete Tiefkühlbeutel verpackt, was bei einigen Sorten die mögliche Lagerdauer um mehrere Wochen verlängert. Bevor jeweils 2 oder 2,5 kg Äpfel in die 25 x 40 cm großen Beutel gefüllt werden können, müssen die Äpfel einige Tage offen im späteren Lagerraum liegen, um sich der Raumatmosphäre anzupassen. Dann werden sie in die Beutel verpackt, die mit einer Schnur oder einer Wäscheklammer verschlossen werden. Bildet sich nach ein paar Tagen ein feiner Niederschlag, so ist das nicht schlimm, sammelt sich jedoch Wasser im Beutel, so muss dieser vorübergehend geöffnet werden, ebenso falls sich die Früchte bräunlich verfärben sollten (Sauerstoffmangel). Die beste Lagertemperatur liegt, je nach Sorte zwischen 0 und +5°C bei einer Luftfeuchtigkeit zwischen 90 und 95%. Frost vertragen Äpfel nicht gut, schon bei -1°C bilden sich in saftigen Sorten Eiskristalle, die Früchte müssen dann nach dem Auftauen schnell verarbeitet werden.

Apfelsinen

Die beste Lagertemperatur für Apfelsinen liegt zwischen +6°C und +8°C bei einer Luftfeuchte zwischen 85 und 90%. Sie sollen dann frisch gepflückt bis zu 4 Monate haltbar sein. Bei einer längeren Lagerung unter +5°C treten Kälteschäden auf (erkennbar an eingesunkenen dunklen Schalenflecken) und der Vitamin-C-Abbau nimmt wesentlich zu. Vor dem Verzehr ist es empfehlenswert, die Orangen einige Tage bei +10°C und +15°C zu halten, sie gewinnen dadurch an Geschmack.

Aprikosen

Die günstigste Lagertemperatur für hart-reife Aprikosen liegt bei -1°C und 0°C, bei einer Luftfeuchtigkeit von ca. 90%, wobei die Nachreife am besten bei +15°C erfolgt. Dann sollen sie etwa 3 Wochen haltbar sein. Temperaturen zwischen +3°C und +7°C führen häufig zu einem Mehligwerden der Früchte und vorzeitigem Säureabbau.

Avocados

Als typische Tropenfrucht sind Avocados kälteempfindlich. Die fäulnisempfindlichen Früchte können etwa 2 bis 3 Wochen aufbewahrt werden, wenn die Lagertemperatur bei +10 bis +13°C liegt und die Luftfeuchtigkeit bei etwa 90%.

Bananen

Bananen sind ebenfalls kälteempfindlich und vertragen Temperaturen unter +12°C schlecht. Unausgereifte, grüne Bananen sind bei +13 – 15°C und einer Luftfeuchte von ca. 90% etwa 10 Tage lagerfähig. Treten braune Reifeflecken (Zuckerflecken) auf der Schale auf, so hat die Banane ihre höchste Geschmacksqualität erreicht.

Birnen

Birnen verderben leicht durch Pilzinfektionen, viele Sorten sind deshalb nur sehr begrenzt haltbar. Im Vergleich zu Äpfeln verläuft ihr Reifeprozess fast doppelt so schnell. Nur Spätsorten sind zur Frischlagerung geeignet. Einzeln in Papier gewickelt oder mehrpfundweise in Gefrierbeutel verpackt, lässt sich ihre Haltbarkeit verlängern.

Kirschen

Kurz vor der Reife gepflückte Kirschen sind im kühlen Keller 3 bis 4 Tage, genussreife etwa 1 bis 2 Tage haltbar, wobei die Knorpelkirschen etwas widerstandsfähiger sind als die weichfleischigen Herz- und Sauerkirschen.

Kiwifrüchte

Inzwischen werden auch in Deutschland vermehrt Kiwis angebaut, die etwa 10 cm großen, länglich-ovalen Früchte aus Neuseeland. Ihre Schale ist braun, mit feinen Härchen besetzt und recht widerstandsfähig. Kiwifrüchte sind nicht kälteempfindlich und können bei einer optimalen Lagertemperatur von 0 bis +2°C und 90 bis 95% Luftfeuchtigkeit bis zu 5 Monate gelagert werden. Gegen Äthylen sind sie allerdings sehr empfindlich, weshalb sie nicht mit Tomaten, Äpfeln etc. zusammen gelagert werden sollten.

Melonen

Melonen sind sehr druckempfindlich, weshalb sie am besten freihängend in Netzen gelagert werden. Sie sind außerdem sehr kälteempfindlich und benötigen um die +10°C Lufttemperatur zur Lagerung (Luftfeuchtigkeit zwischen 85 und 90%). Die Haltbarkeit nicht ganz reif geernteter Melonen liegt unter diesen Bedingungen sortenabhängig zwischen 2 und 4 Wochen.

Pfirsiche

Reife Pfirsiche halten sich bei Temperaturen zwischen +2°C und +8°C und einer Luftfeuchte ab 90% maximal 8 bis 10 Tage.

Pflaumen

Pflaumen sind zur Frischlagerung nur schlecht geeignet sind, denn bei Lagertemperaturen von mehr als +2°C fangen Pflaumen leicht an zu faulen.

Preiselbeeren

Rohe Preiselbeeren werden in Schweden im Keller in Steingutgefäßen aufbewahrt. Staubdicht, aber nicht luftdicht verschlossen, sollen sie bis zu einem Jahr ohne Zusatz von Zucker oder anderen Konservierungsstoffen haltbar sein, wenn die Beeren leicht gestampft werden, so dass ihr Saft das Füllgut bedeckt.

Stachelbeeren

Reife Stachelbeeren halten sich bei +3°C und 90% Luftfeuchtigkeit bis zu 8 Tage.

Trauben

Bei vorsichtiger Lagerung lassen sich Trauben eine Zeit lang, vielleicht einen Monat, frisch halten. Dazu werden unverletzte Trauben an einen Faden gebunden und an einem möglichst kühlen und trockenen Platz an Schnüren so aufgehängt, dass keine Traube die andere berührt. Jeden Tag werden angefaulte Beeren mit einer Nadel oder einer spitzen Schere entfernt. Nach einiger Zeit werden die Traubenbeeren etwas einschrumpfen; sie sind dann infolge ihrer härter gewordenen Oberhaut weniger fäulnisgefährdet.

Zitronen

Zitronen lassen sich bei +3 bis +4°C und 90% Luftfeuchte bis zu einem Monat frisch halten.

Lagerfähigkeit von Nüssen und Wein

Nüsse

Haselnüsse, Walnüsse sowie Esskastanien neigen bei längerer Lagerung unter normalen Temperaturbedingungen zum Ranzigwerden aufgrund ihres hohen Ölgehaltes, der bei Hasel- und Walnüssen auf den Kern bezogen bei etwa 60% liegt. Außerdem werden Nüsse leicht bitter oder sie schimmeln, besonders wenn sie nicht ausreichend lange vorgetrocknet wurden und die Lagertemperatur zu hoch ist. *Walnüsse* werden geerntet, wenn sie vollreif sind. Dann lässt sich die fleischige grüne Hülle leicht von der verhärteten braunen Schale lösen. Ihr Kern ist dann auch nicht mehr milchig, sondern fest und schrumpft bei der Lagerung nicht ein. Nachdem die Hülle entfernt ist, werden die Nüsse an einem warmen, luftigen Ort (z.B. Dachboden) getrocknet. Dies gilt auch für Haselnüsse und Esskastanien. Dazu werden sie in dünnen Schichten ausgebreitet und von Zeit zu Zeit gewendet. Die Aufbewahrung der Nüsse erfolgt am besten in flachen Steigen oder in Säcken aus lockerem Gewebe an einem sehr kühlen (aber nicht feuchten!) Ort. Mäuse lieben Nüsse. Zum Schutz vor Nagetiere können sehr gut vorgetrocknete Nüsse deshalb auch in großen, mit einigen Luftlöchern versehenen Blechbüchsen aufbewahrt werden. Kälte schadet den Nüssen weniger als Wärme, die das Ranzigwerden der öligen Früchte begünstigt. Bei einer Lagertemperatur von -3°C bis 0°C und einer rel. Feuchte von 65 bis 75% sind sie bis 12 Monate haltbar. Liegt die Lagertemperatur über 0°C, dann sollte die Luftfeuchte nicht über 60% hoch sein.

Wein

Ein altes Sprichwort sagt »Der Keller macht den Wein«. Dies ist ganz besonders zutreffend, wenn nicht nur ein oder zwei Dutzend Weinflaschen für den Hausgebrauch gelagert werden, sondern Wein – und wenn vielleicht auch nur als Hobby – selbst ausgebaut wird.

Wein verlangt eine erschütterungsfreie Lagerung. Deshalb sollten Weinkeller nicht an einer verkehrsreichen Straße liegen, auf der Schwerlastverkehr die Grundmauern erzittert lässt, er sollte sich auch nicht in unmittelbarer Nähe von Werkstätten mit lauten Maschinen und nicht in der Nähe einer Ölzentralheizungsanlage befinden. Auch Fremdgerüche, die bei der gemeinsamen Lagerung des Weines mit z.B. Gemüse, Obst, Erdöltank, Farben oder was auch immer, vorhanden wären, sind dem Geschmack des Weines wenig zuträglich, denn Wein nimmt durch den Korken Fremdgerüche auf.

Die Temperatur des Lagerkellers ist für den Ausbau und die Haltbarkeit des Weines von großer Bedeutung. Für Weißweine beträgt die beste Kellertemperatur 8 bis 10°C, für Rotweine und Jungweine 10 bis 12°C. Diese Temperaturen sollten nicht allzu sehr schwanken - bei guten Weinkellern wird vorausgesetzt, dass die jährliche Temperaturschwankung nicht mehr als 2 bis 3°C beträgt. Eine schwer zu erfüllende Forderung, wenn der Lagerkeller nicht tief in der Erde liegt! In alten Büchern wird deshalb geraten, die Lagerkeller nach Norden und mindestens in einer Tiefe von 4 bis 6 m im Erdreich anzulegen.

Niedrigere Lagertemperaturen als die oben angegebenen verzögern den Ausbau des Weines, bei Rotwein bewirken sie zudem eine Farbstoffausscheidung, er wird heller. Zu hohe Temperaturen beschleunigen andererseits den Ausbau des Weines zu sehr, so dass er schnell altert und an Kohlensäure und Aroma verliert. Die Luftfeuchtigkeit sollte in Kellern mit Fassweinen nicht höher als 80% liegen. Zu trockene Luft verursacht eine Wasserverdunstung aus den Fässern und somit einen Weinverlust. Eine Luftfeuchtigkeit über 80% begünstigt andererseits das Wachstum von Schimmel auf den Fässern, die durch Zerstörung des Holzes unvorteilhaft auf den Wein einwirken. Gern gesehen wird in Weinkellern allerdings der sogenannte Kellerpilz (*Rhacodium cellare*), von dem angenommen wird, dass er die Feuchtigkeit im Keller reguliert, obwohl es eigentlich umgekehrt ist (1). In jedem Fall ist er jedoch ein Kennzeichen für die richtige Luftfeuchtigkeit. Für in Flaschen gelagerte Weine ist eine Luftfeuchtigkeit unter 60% geeigneter, da hierdurch die Korken nicht schimmeln. Übrigens sollten Weinflaschen nicht stehend gelagert werden, sondern liegend und zwar so, dass der Wein die Unterseite des Korkens vollständig umspült. Dies schützt den Wein gegen den Sauerstoffeinfluss der Luft, indem der Korken immer so feucht ist, dass er nicht schrumpft.

Stoffveränderungen bei Obst und Gemüse durch die Lagerung

Gelagertes Obst und Gemüse ist sicherlich immer die zweitbeste Wahl, denn nur pflückfrische pflanzliche Produkte enthalten unvermindert all die Inhaltsstoffe, die für unseren Organismus so wichtig sind.
Während der Lagerung treten bei Obst und Gemüse stoffliche Veränderungen auf. Zu den *physikalischen* Veränderungen gehören die Transpiration (die Abgabe von Wasserdampf), das Welken und die Kondenswasserbildung auf der Oberfläche von Obst und Gemüse. Je nach Sorte, Art und Beschaffenheit der Produkte ist die Transpiration sehr verschieden. Je stärker die Transpiration ist, umso schlechter ist die Lagerfähigkeit und umso schneller erkranken Gemüse und Obst. Die Feuchtigkeitsabgabe steigt, je größer die Oberfläche eines pflanzlichen Produktes im Verhältnis zum Volumen, je trockener die Umgebungsluft und je schneller die Luftbewegung im Raum ist. Werden Obst und Gemüse so aufbewahrt, dass sie hoch aufgeschüttet geschichtet sind (z.B. Kartoffeln), ohne dass nach oben ein ausreichender Luftzwischenraum frei bleibt, können sich Kondenswassertröpfchen auf der obersten Obst- oder Gemüseschicht bilden. Dies ist auch bei mangelhafter Isolierung des Lagerraumes möglich, denn im Inneren des Lagergutes ist gewöhnlich die Temperatur höher als im Lagerraum. Das Kondenswasser entsteht nun dort, wo die warme und die kalte Luft zusammentreffen, also in der oberen Obst- oder Gemüseschicht und neben kalten (nicht ausreichend isolierten) Gebäudeteilen. Das Beschlagen der Gartenprodukte mit Kondenswassertröpfchen sollte verhindert werden, da dies die Entwicklung schädigender Mikroorganismen fördert.

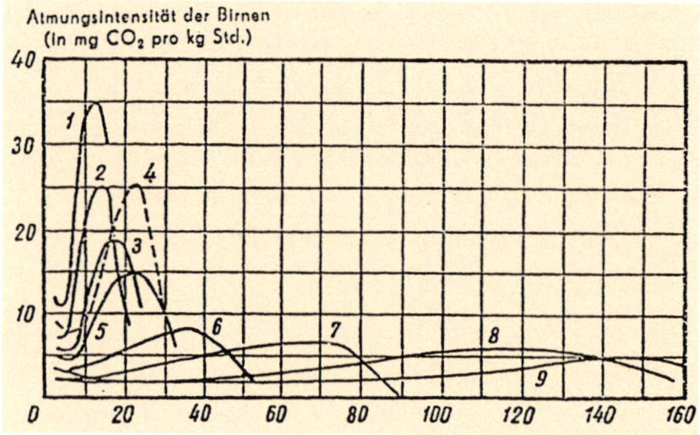

5.1 Die Atmungsintensität der Birnen, abhängig von der Temperatur. Quelle (95)

1 = 21°C; 2 = 16°C; 3 = 12°C; 4 = 12°C; 5 = 10°C; 6 = 4,5°C; 7 = 3°C; 8 = 1°C; 9 = 0,2°C

Gemüse	Relativer Vitamin-C-Gehalt		
	frisch	nach 48 h	nach 96 h
Kopfsalat, Außenblätter	100%	65,9%	17,0%
Kopfsalat, Innenblätter	100%	60,2%	40,9%
Spargel	100%	77,7%	46,4%
Kohlrabi	100%	60,9%	34,8%

5.2 Der Vitamin-C-Gehalt einiger Gemüse bei kurzfristiger Lagerung. Quelle (73)

Lagertemperatur	Lagerdauer in Tagen						
°C	0	19	31	42	56	70	84
	Vitamin-C-Gehalt in mg/100 g						
+8 - +9	32	26	28	25	22	18	20
+1 - +3	32	31	28	24	24	26	21

5.3 Der Vitamin-C-Gehalt von Kohl (Glory cabbage) bei zunehmender Lagerdauer (in mg/100 g). Quelle (73)

Auch die *chemische* Zusammensetzung von Obst und Gemüse verändert sich während der Lagerung. Dies hängt u.a. mit ihrer Atmung und mit dem Prozess der Nachreife zusammen. Wie alle lebenden Organismen ist auch frisch eingelagerten pflanzlichen Produkten ein Stoffwechsel mit ihrer Umwelt zu eigen, d.h. sie *atmen,* indem sie Sauerstoff aus der umgebenden Luft aufnehmen und Kohlendioxyd abgeben. Die verschiedenen Obst- und Gemüsearten haben, auch unter gleichen Bedingungen, eine unterschiedliche Atmungsaktivität. So ist die Atmungsintensität bei Blattgemüse am größten, danach folgen Tomaten, Beeren, Topinambur und Zichorie. Nur wenig atmen Zwiebeln, Weintrauben sowie Gemüse und Obst, das gut lagerfähig ist (Wurzelgemüse, Äpfel, usw.). Neben der Artenabhängigkeit wird die Intensität der Atmung u.a. auch vom Reifegrad der Gartenprodukte bestimmt: ausgereiftes Lagergut atmet weniger intensiv als unausgereiftes. Darüber hinaus spielt die Lagertemperatur eine Rolle, denn bei niedrigen Temperaturen verlangsamt sich der Atmungsprozess (Abb. 5.1. Blattgemüse wie Salat, Spinat, Lauch, Mangold usw. haben eine hohe Atmungsintensität, sie verlieren durch ihre große Oberflächen sehr schnell Feuchtigkeit und welken, weshalb sie nach dem Ernten nur kurze Zeit lagerfähig sind.

„Es wurde nachgewiesen, dass in Obst und Gemüse beim Transport und bei der Lagerung die hydrolytischen Prozesse die synthetischen überwie-

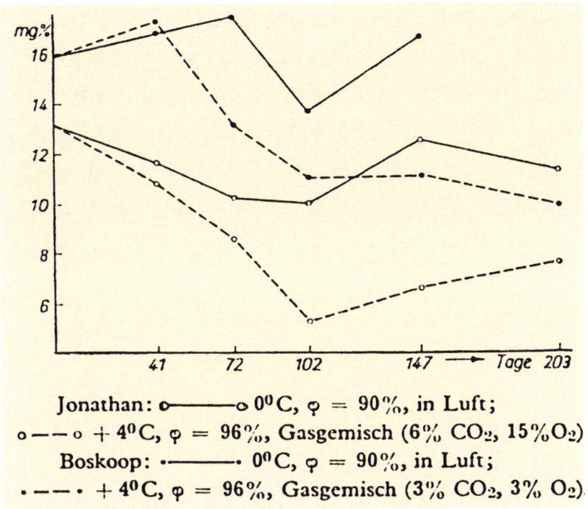

5.4 Der Vitamin-C-Gehalt zweier Apfelsorten bei verschiedenen Lagerbedingungen. Quelle (73)

Lagerdauer	0 Tage	3 Tage	7 Tage	17 Tage
Lagertemperatur	Vitamin-C-Gehalt in mg/100 g			
+1 – +3°C	78	76	72	39
+23 - +26°C	78	44	5	Fäulnis

5.5 Der Vitamin-C-Gehalt von Spinat bei zunehmender Lagerdauer (in mg/100 g) nach D.K. Tressler u. Mitarb., Quelle (73)

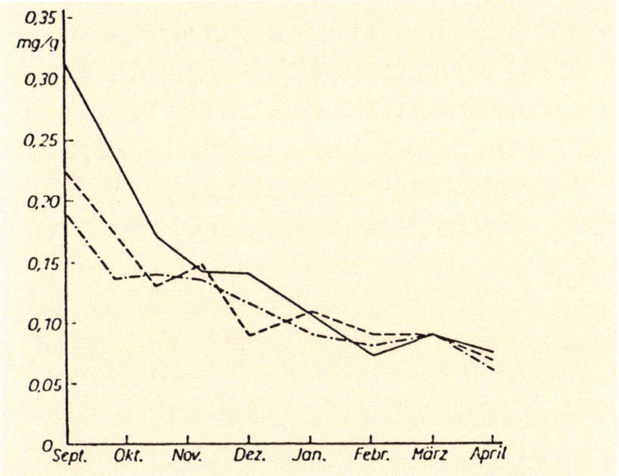

5.6 Der Vitamin-C-Gehalt von 3 verschiedenen Kartoffelsorten, die bei 12°C gelagert waren (Angaben in mg/g Kartoffel). (nach E. Mathiesen) Quelle (73)

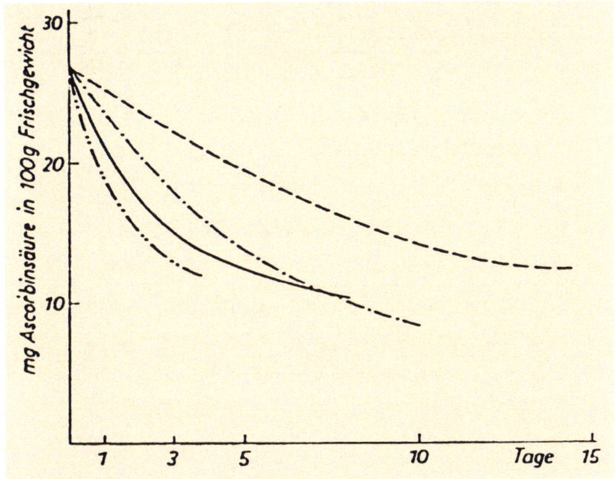

5.7 Abnahme der Ascorbinsäure bei der Lagerung von grünen Bohnen. Quelle (73)

- - - - Lagerung bei 0°C; -.-.-.- Lagerung bei +2,5°C

------- Lagerung bei +15°C; -..-..- Lagerung bei +30°C

gen. Der Gehalt an Polysacchariden und Disacchariden verringert sich daher im Obst und Gemüse, während der Gehalt an Invertzucker sich erhöht. In einem erheblichen Teil wird das Protopektin hydrolysiert, während sich der Gehalt an löslichem Pektin erhöht. Gleichfalls verringert sich der Gehalt an Gerbstoffen und Glykosiden, welche in ihre einfacheren Komponenten (Zucker, Säuren und andere Produkte) gespalten werden. Die Eiweißstoffe werden z.T. in Aminosäuren und einfachere Zerfallsprodukte hydrolysiert. Infolge der Atmung von Obst und Gemüse verringert sich ihr Gehalt an Kohlenhydraten, Säuren und anderen Komponenten. Diese chemischen Veränderungen wirken sich auf den Geschmack, das Aroma sowie auch auf die Festigkeit aus. Überreifes Obst und Gemüse wird unschmackhaft und weich, manchmal auch mehlig (Obst)." (5) .

Bei der Lagerung, insbesondere einer längeren, verringert sich der Vitamingehalt in Obst und Gemüse z.T. beträchtlich. Bei der Lagerung von Äpfeln in kontrollierter Atmosphäre wurde allerdings bei einigen Sorten in den ersten Stadien der Aufbewahrung sogar eine deutliche Zunahme des Ascorbinsäuregehaltes festgestellt (Abb. 5.2). Bei Kartoffeln nimmt der Vitamin-C-Gehalt ziemlich gleichmäßig ab (Abb.5.3). Eingehende Versuche zeigten, dass die Abnahme während der Lagerung bei 15°C am stärksten, bei 1°C weniger stark und bei +5°C am geringsten war.

6 Anhang: Kühlschrank ohne Eis und Strom

Bei dem im Folgenden beschriebenen Kühlschrank wird die Verdunstungskälte genutzt: Wasser, das verdunstet, benötigt dazu Wärme, die es seiner Umgebung entzieht und zwar umso mehr, je rascher die Verdunstung erfolgt. Schon im Altertum wurde die Verdunstungskälte dazu benutzt, um z.B. Trinkwasser mittels poröser Tongefäße kühl zu halten. Das Verdunstungsprinzip erfährt jeder Mensch auch am eigenen Leibe, wenn er nach dem Baden friert, weil die Feuchtigkeit auf der Haut beim Verdunsten dem Körper Wärme entzieht.

Die im folgenden aufgeführte, etwas gekürzte Bauanleitung für einen Kühlschrank ohne Strom oder Eis, einem "sehr praktischen Einrichtungsstück für den Vorratskeller, das auch in der Stadtwohnung auf dem Balkon oder in der Speisekammer Aufstellung finden kann", stammt aus dem Jahre 1940, aus einer Zeit also, in der im Privathaushalt strombetriebene Kühlschränke unbekannt waren (66). Bei diesem Kühlschrank wirkt die allseitige Stoffbespannung mit ihrer großen Verdunstungsfläche als Kälteerzeuger, indem sie durch allmählich herabsickerndes Wasser ständig feucht gehalten wird (Abb. 6.1). Wasser sickert aus einem oben angebrachten Wasserbehälter so herunter, dass die Stoffbespannung stets feucht ist. Unten ist eine Holzwanne als Sammelbehälter angeordnet, die das überschüssige Wasser auffängt. Das Holzgestell ist schmal und lang, da der Abstand zwischen den kühlenden Wandungen so am geringsten ist. Der Kühlschrank besteht aus einem etwa 80 cm hohen, 42 cm tiefen und 80 cm breiten Lattengestell, das mit Leistenböden versehen ist und an einer Breitseite eine Tür enthält. Diese 62 x 67 cm große Tür ist aus einem 6 cm breiten Rahmen gefertigt, der 1,5 bis 2 mm Spielraum in der Türöffnung haben muss, damit sich später der Stoff gut um den Türrahmen und um die Leisten der Türöffnung herumlegen lässt. So kann bei geschlossener Tür eine enge Verbindung der Stoffflächen entstehen, die ein Hinüberziehen der Feuchtigkeit auf die Türfläche gestattet. Oben auf dem Schrankgestell sitzt der Boden des Wasserbehälters. Er besteht aus 2 cm starkem Hartholz, das vor dem Aufschrauben sehr sorgfältig geölt wird, damit es sich später unter der Auswirkung des ständig im Wasserbehälter stehenden Wassers nicht verzieht. Einige von unten gegengeschraubte Hartholzquerleisten mindern das Werfen des Holzes.

Um das Bodenbrett des Wasserbehälters werden die sogenannten 10 cm hohen Einstellleisten gesetzt, die ebenfalls aus 2 cm starkem Hartholz gefertigt werden. Die Einstellleisten werden an den Ecken auf Gehrung geschnitten und am besten mit Flügelmutterschrauben am Bodenbrett befestigt. Diese Schrauben werden mit 2 Streifen Gummi unterlegt, die z.B. aus einem ausgedienten Fahrradschlauch zugeschnitten werden können. Zwischen den Gummistreifen wird später der Stoff befestigt, so dass sich dann durch mehr oder weniger festes Anziehen der Schrauben das Nachsickern des Wassers regulieren lässt. Der Wasserbehälter sollte sorgfältig gebaut werden, damit er in der Lage ist, das Wasser über Nacht zu halten und nur an den saugfähigen Stoff abzugeben. Der untere Wasserbehälter ist etwas größer als der obere und wird ebenfalls aus Hartholz hergestellt. Seine Seitenbretter sind fest und absolut dicht mit dem Bodenbrett verschraubt. Zum Schluss werden alle Fugen sorgfältig mit Glaserkitt ausgestrichen und der ganze Sammelbehälter am besten mit einem mehrfachen Farbanstrich versehen. Der Sammelbehälter erhält zwei von unten her gegengeschraubte Fußleisten, die gleichzeitig einem Werfen des Holzes entgegenwirken sollen. Für alle Holzverbindungen des Kühlschrankes sollten nichtrostende Schrauben oder Nägel eingesetzt werden. Die Wirkung des Kühlschrankes ist dann am günstigsten, wenn der Luftwechsel am Aufstellungsort groß ist; daher eignen sich hierfür ein kühler Balkon, eine Speisekammer oder ein Vorratskeller mit ständiger Querbelüftung am besten.

Nach (66): Gerhard Bönicke, Hürden und Gestelle für den Vorrats-Keller. Leipzig 1940

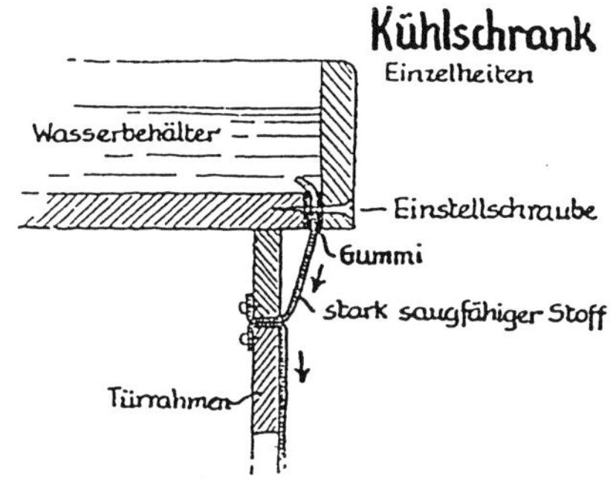

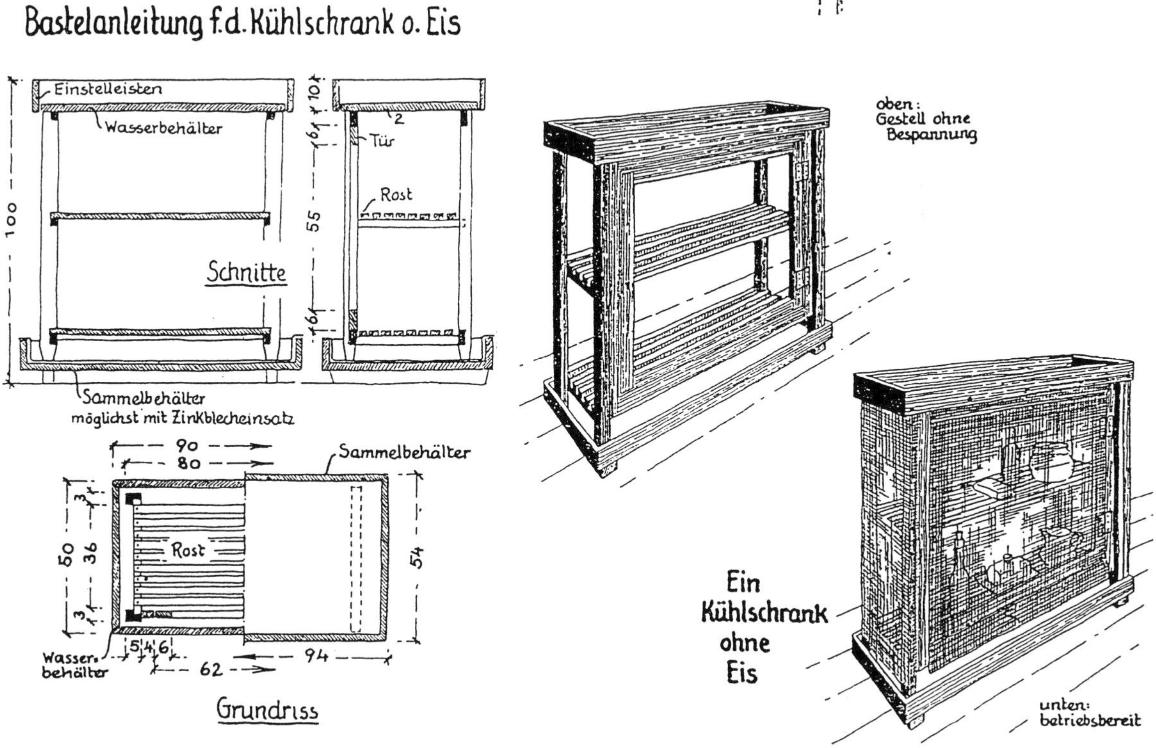

6.1 Kühlschrank ohne Eis und Strom Schnitt, Ansicht und Detail. Quelle (66)

Variante: Holzkohlekühlschrank

Der Holzkohlekühlschrank (Abb. 6.2) ist zweischalig gebaut und hat vier doppelwandige Seiten, die mit Maschendraht (Kaninchendraht) bespannt sind. Ihre Zwischenräume sind mit Holzkohle gefüllt, auf deren poröser, vergrößerter Oberfläche mehr Wasser verdunsten kann, als bei einer kleineren Oberfläche. Holzkohle ist außerdem geruchshemmend, wasserbeständig, billig und überall zu finden. Die Breite und Höhe des Rahmens können je nach Bedarf selbst bestimmt werden. Die in der Abbildung angegebenen Maße sind für einen Drei- bis Vierfamilienhaushalt gedacht. Auch hier empfiehlt es sich, für den Zusammenbau der Rahmen verzinkte Nägel zu verwenden und die Türen durch eine Gummidichtung dicht zu verschließen. Über dem oberen Rand der Wasserschale werden vier Stofftücher angebracht, die das Wasser aus der Schale ansaugen und auf die Holzkohle leiten. Für den Boden des Kühlschrankes kann ein Hartholzbrett verwendet werden, das auf Füßen z.B. aus Ziegelsteinen steht.

Die Wasserschale soll mindestens 2 cm hoch mit Wasser gefüllt sein. Die Stofftücher (einmal in der Woche auswaschen) werden am besten so angebracht, dass nicht zu viel Wasser auf die Holzkohle tropft.

Je feuchter die Luft ist, desto geringer ist die Verdunstung und damit der Kühleffekt. Wird ein Thermometer in einen feuchten Stofflappen gewickelt und eine Minute lang in der Luft bewegt, so zeigt es die Temperatur an, die der Kühlschrank bei der gegebenen Luftfeuchtigkeit erreichen kann.

Nach: Villard Salibi, Energisch leben. Berlin 1984, Stattbuch Verlag,

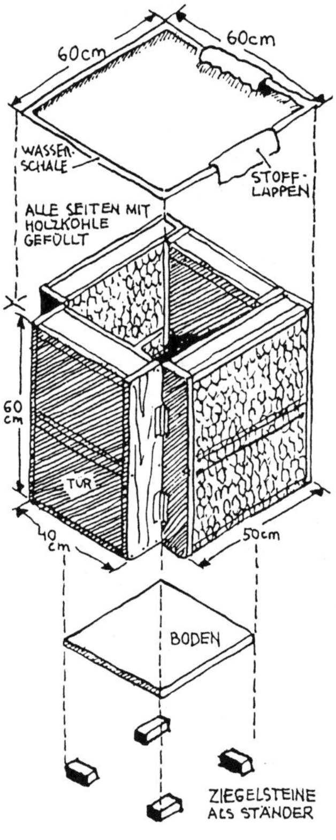

6.2 Holzkohlekühlschrank mit einer Wasserschale aus Zinkblech. Quelle (67)

6.3 Aufbau eines Seitenteiles. Quelle (67)

7 Literatur- und Quellenverzeichnis

(1) Novak, Vaclav: Die Bedeutung des Innenklimas von Produktions- und Lagerräumen der Landwirtschaft und Nahrungsmittelindustrie. Berlin 1959

(2) Behr, Hubert: Kühlräume für die Gaslagerung von Obst und Gemüse. Karlsruhe 1975, C.F. Müller Verlag

(3) Borck, Boris.: Ernte und Lagerung des Obstes. Berlin 1969

(4) Osterloh/Gröschner: Lagerung von Obst und Gemüse. Berlin 1975, VEB Deutscher Landwirtschaftsverlag

(5) Saburov, N.V. und Antonov, M.V.: Die Lagerung von Obst und Gemüse. Berlin 1953

(6) Studer/Daepp/Suter: Vorratshaltung von Obst und Gemüse. Stuttgart 1983

(7) Gösele, Karl; Schüle, Walter: Schall, Wärme, Feuchte. Wiesbaden/Berlin 1985, 8. Aufl.

(8) Henze, Joachim. Bau und Einrichtung von Lagerräumen für Obst und Gemüse. KTBL-Schrift 154, Frankfurt 1972

(9) Gerhardt, F.; Nordmann, O.: Grundlagen der Obstaufbewahrung unter besonderer Berücksichtigung der Erdmietenlagerung. Stuttgart 1948

(10) Flanitzer, Ida: Obst und Gemüse auf Vorrat. Graz und Stuttgart, Leopold Stocker

(11) Das Beste (Hrsg.): Altbewährtes neu entdeckt. Stuttgart 1983

(12) Bubel, Mike und Nancy: Root Cellaring. Emmaus, Pennsylvania/USA 1979, Rodale

(13) Früchtel, Ingrid und Annette: Natürliche Vorratshaltung in der Vollwertküche. München 1986, Gräfe und Unzer

(14) Herrmann, Josef: Lehrbuch der Vorratspflege, Berlin, VEB Deutscher Landwirtschaftsverlag

(15) Becker-Dillingen, Handbuch des gesamten Gemüsebaues. Berlin, Hamburg 1956, Parey

(16) Eichenberger, Henggeler, Schmidt, Vogtmann: Das Jahr im biologischen Gartenbau. Stuttgart 1983, Ulmer

(17) Bustorf-Hirsch, Maren: Haltbarmachen in der Öko-Küche. Niedernhausen 1988, Falken-Verlag

(18) Bruns, Annelore, Susanne u. Hubert: Biogarten Praxisbuch. München 1987, Kösel

(19) Menzel, Carl August: Der Bau des Eiskellers. Halle 1848

(20) Maxwell, Steve und MacKenzie, Jennifer: The Complete Root Cellar Book. Toronto 2010, Robert Rose Inc.

(21) Megyesi, Jennifer: The joy of keeping a root cellar. New York 2010, Skyhorse Publishing

(22) Schild, E.; Oswald, R.: Wärmeschutz von erdberührten Gebäudeaußenflächen, Aachen 1979

(23) Keller - Schwachstellen. Band 3. Wiesbaden, Berlin 1978

(24) König, Eberh.: Praktische Baubiologie. Schwarzenbruck 1982

(25) Bundesarbeitskreis Altbauerneuerung e.V., Fachschriften-Verlag (Hrsg.): Wärmeschutz. Fellbach

(26) Kolb/Schwarz: Grün auf kleinen Dächern. München 1987

(27) Wallmeier, J.R.: Nutzungsmöglichkeiten von Räumen mit erdberührten Außenwänden. Dissertation, TH Aachen, 1974

(28) Stübler, E.; Zacharias, R.: Vorratswirtschaft im Haushalt. Schriftenreihe Verbraucherdienst Heft 7, Köln 1963

(29) Grützmacher, Bernd: Grasdach - Aufbau, Konstruktion, Systeme. München 1984, Callwey

(30) Bohn, Rudolf: Die Technik im Gartenbau. Band 2. Stuttgart 1957, Eugen Ulmer

(31) Schriftenreihe des Bundesministers für Raumordnung, Bauwesen und Städtebau (Hrsg.): Wärmeschutz von erdberührten Gebäudeaußenflächen. Aachen 1979

(32) Bundesministerium für Ernährung, Landwirtschaft und Forsten in Zusammenarbeit mit dem Land- und Hauswirtschaftlichen Auswertungs- und Informationsdienst e.V. (Hrsg.): Die Vorratshaltung im landwirtschaftlichen Haushalt. Stuttgart-Hohenheim 1966

(33) Fachkunde Bau. Wuppertal 1986, Europa-Lehrmittel

(34) Brandt, J. et al.: Keller richtig gebaut. Düsseldorf 1984

(35) Kohl/Bastian/Neizel: Hochbau, Baufachkunde 2. Stuttgart 1982, B.G. Teubner

(36) Lochner, Dietmar: Kellerausbau. Köln-Braunsfeld 1982

(37) König, Holger: Wege zum gesunden Bauen. Staufen bei Freiburg/Br. 1989 (3. Aufl.), ökobuch

(38) Engel, Friedrich: Handbuch des Landwirthschaftlichen Bauwesens. Leipzig 1871

(39) Kreutzer, Dagmar und Palz, Martin: Mein eigener Weinkeller. Graz 2008, Leopold Stocker Verlag

(40) Schweizerisches Institut für Baubiologie: Ausschnitt aus dem Schaffen von Schweizer Baubiologen. Tagungsband, Basel 1985, Institut für Baubiologie

(41) Nebel, Herbert: Sanieren und Modernisieren von Gebäuden. Mönchengladbach o.J.

(43) Gartner/Winklbauer: Gesünder Wohnen. Wien 1984, Orac

(44) Lotz, K.E.: Willst Du gesund wohnen? Remscheid 1978

(45) Baubiologie Bonn: Baukonstruktionen und Baustoffe. Gummersbach 1983

(46) Ahnert/Krause: Typische Baukonstruktionen von 1860 bis 1960. Wiesbaden und Berlin 1985, Bauverlag

(47) Schnaase, Siegfried: Handbuch für den praktischen Baubiologen. München o. J., Mondo Media Edition

(48) RWE Bau-Handbuch: Technischer Ausbau. Essen o.Jahr

(49) Nurmisto, Urpo: Rakennan maakellarin. Helsinki 1986

(50) Minke, Gernot: Häuser mit grünem Pelz. Frankfurt 1982

(51) Stiftung Naturschutz Berlin (Hrsg.): Das Gründach. Berlin 1983

(52) Hilkenbäumer, Friedrich: Obstlagerung - Grundlagen, Durchführung, Kosten. Berlin und Hamburg 1962, Parey

(53) Sage, Konrad: Handbuch der Haustechnik, Bd. 2. Berlin und München 1971, Bertelsmann

(54) Campbell, Stu: The Underground House Book. Charlotte, Vermont/USA 1980, Garden Way

(55) Edelhart, Mike: Das Erdhaus; Handbuch für Architekten und Planer. Wien 1983, Orac

(56) Cords-Parchim: Das Handbuch des Landbaumeisters, Bd. 1. Radebeul und Berlin 1954, Neumann

(57) Recknagel/Sprenger: Taschenbuch für Heizung und Klimatechnik. München 1979, 60. Aufl., Oldenbourg

(58) Frank Dieter Balkowski: Gesund bauen und wohnen. Köln-Braunsfeld 1983, R. Müller

(59) Schweiz. Zentralstelle für Obstverwertung: Frischlagerung von Obst, Kartoffeln und Gemüse. Affoltern a.A./Schweiz

(60) Leitner/Lochner: Vorratskeller gut sortiert. In: Zuhause 6/90, Hamburg 1990, Jahreszeiten-Verlag

(61) Hylton, W. (Hrsg.): Alles zum Selbermachen. Frankfurt 1984

(62) Marks, Vic (Hrsg.): Cloudburst - a handbook of rural skills and technology. Seattle, Washington/USA 1973

(63) Bauidee Workshop: Ersatz für Keller. In: Bauidee für Haus und Garten 2/90, Hamburg 1990, Heinrich Bauer Verlag

(64) Musehold, Hans: Ebenerdige Vorratshaltung in neuen Wohnhäusern. Schriftenreihe des Land- und Hauswirtschaftlichen Auswertungs- und Informationsdienstes e.V. (AID), Frankfurt 1967, Kommentator Verlag

(65) Kreuzer, Kai: Die Vermarktung selbst in die Hand nehmen!. Lauterbach 1988

(66) Bönicke, Gerhard: Hürden und Gestelle für den Vorratskeller. Leipzig 1940, Hachmeister und Thal

(67) Salibi, Villard: Kühlen ohne Strom. In: Energisch Leben, Berlin 1984 (3. Auflage), Stattbuch

(68) Nicolaisen-Scupin, Lieselotte: Leitfaden für die Lagerung von Gemüse und eßbaren Früchten. Braunschweig 1972, Hempel

(69) In: Kraut & Rüben, August 1990, München 1990, BLV

(70) Steinbach, Gunter: Natürlich konservieren. München 1984

(71) Rust, Hildegard: Praktische Vorratshaltung zu Hause. München 1986, BLV

(72) Arthold, Matthias: Handbuch der Kellerwirtschaft. 1950

(73) Schormüller, J.: Die Erhaltung der Lebensmittel. Berlin 1966

(74) Bünemann/Hansen: Frucht- und Gemüselagerung. Stuttgart 1973, Verlag Eugen Ulmer

(75) Erika/Renato: Haltbarmach - Almanach. Lustenau/Österreich 1982, Verlag Lichtheimat

(76) Forschungsgemeinschaft für die Kühllagerung von Gemüse und Obst (Hrsg.): Kühllagerung von Gemüse und Obst. Berlin 1939, Verlag Neumann

(77) Schorndorfer/Schöning: Konservierung natürlich und gesund. 1983, Pala-Verlag

(78) Henze, Joachim: Bau und Einrichtung von Lagerräumen für Obst und Gemüse. KTBL-Schrift 154, Frankfurt 1972

(79) Lang, O; Springmann, W.: Entwurf und Bau von Kühlräumen. 1949

Weitere Bücher im ökobuch Verlag

Anders gärtnern

Permakultur-Elemente im Hausgarten. Ob Kräuterspirale, Krater- bzw. Hochbeet, Kartoffelturm, Wurmfarm oder Erdgewächshaus mit Hühnerstall, bei allem dient die Natur als Vorbild. Mit vielen Anleitungen für einen Hausgarten, in dem die Bereiche harmonisch zusammenwirken und sich gegenseitig fördern. Von Margit Rusch. 96 Seiten, mit vielen farbigen Abbildungen, 16,95 €

Mein kleiner Permakultur-Garten

300 kg Ernte auf 150 m² Fläche mitten in der Stadt. Der Autor Josef Chauffrey beschreibt die Kultivierung eines Reihenhausgartens nach Permakultur-Prinzipien und zeigt, wie sich beachtliche Ernteerfolge an Obst u. Gemüse erzielen lassen. 110 Seiten, mit vielen farbigen Abbildungen, 16,95 €

Das Biogarten-Praxisbuch

Anleitung zum naturgemäßen Gärtnern in Bildern. Hier wird das notwendige Wissen vermittelt, um erfolgreich den Boden zu bestellen und reichhaltig gesundes Obst und Gemüse zu ernten. Susanne Bruns. 224 Seiten, viele Abbildungen, 18,95 €

Permakultur im Hausgarten

Mit diesem Buch gibt der Autor einen Leitfaden an die Hand, wie ein Hausgarten Stück für Stück zum persönlichen und vielseitigen Permakultur-Garten gestaltet oder umgestaltet werden kann. Jonas Gampe. 144 Seiten, mit vielen Abbildungen, 16,95 €

Auf 300 qm Gemüseland

… den Bedarf eines Haushalts ziehen. Wie man auf kleinstem Raum einen Nutzgarten anlegt und erfolgreich bewirtschaftet, können wir von unseren Vorfahren lernen. Mit schnellen, praktischen, alphabetisch geordneten Infos über die wesentlichen Pflanzen, über Anbau- und Arbeitsmethoden. Von Arthur Janson. Neugestalteter Nachdruck der Erstausgabe von 1926. 170 Seiten, 16,95 €

Saatgut aus dem Hausgarten

Nach einer Einführung in die Saatgutgewinnung und in die Praxis der Vermehrung werden die nötigen Hilfsmittel, Ernte, Reinigung und Lagerung der Samen sowie Aussaat und Aufzucht beschrieben. Mit kurzen Pflanzenporträts aller im Hausgarten üblichen Kräuter, Gemüse und Blumen. Von Marlies Ortner. 138 Seiten, mit vielen farbigen Abbildungen, 19,90 €

Trocknen und Dörren mit der Sonne

Bau & Betrieb von Solartrocknern. Ein Buch für alle, die einen funktionstüchtigen Solartrockner kostengünstig selbst bauen möchten, um Obst, Gemüse und Kräuter natürlich und hochwertig haltbar zu machen. Außerdem: Praxis des Trocknens mit vielen Tipps aus langjähriger Erfahrung. Herausgegeben von Claudia Lorenz-Ladener. 96 Seiten, mit vielen farbigen Abbildungen, 16,95 €

Terrassen und Decks aus Holz selbst gebaut

Planungsüberlegungen, sinnvolle Konstruktionen, Materialempfehlungen. Viele Beispiele und Schritt-für-Schritt-Bilder vermitteln das Wissen zum Bau schöner Holzdecks. Von Peter Himmelhuber. 102 Seiten, mit vielen farbigen Abbildungen, 16,95 €

Mein Garten lebt

Vögel, Schmetterlinge, Igel, Wildbienen und andere nützliche Tiere ansiedeln. Mit Bauanleitungen und Gestaltungsideen, um durch Nisthilfen, Schlafquartiere u.ä, Gärten tierfreundlich zu gestalten. Von Peter Himmelhuber. 96 Seiten, mit vielen farbigen Abbildungen, 16,95 €

Natürlich konservieren

Die 250 besten Rezepte, um Gemüse und Obst möglichst naturbelassen haltbar zu machen und ein maximum an Vitaminen, Nährstoffen und Geschmack zu erhalten. Herausgegeben von Terre Vivante. 160 Seiten, mit vielen Abbildungen, 16,95 €

Trockenmauern für den Garten

Bauanleitung & Gestaltungsideen. Ob Sitzplätze oder Hochbeete einzufassen, eine Hangfläche zu terrassieren oder das Grundstück einzugrenzen: Mit einfachen Werkzeugen kann jeder kostengünstig eine schöne und dauerhafte Trockenmauer selbst bauen. Von Jana Spitzer und Reiner Dittrich. 96 Seiten, mit vielen farbigen Abbildungen, 16,95 €

Hütten von Kindern selbst gebaut

Das Buch zeigt schön illustriert, wie Kinder ohne großen Aufwand ihr eigenes kleines Reich erschaffen können, mit Baumaterialien, die fast alle draußen zu finden sind: Spielhäuschen, Kuppelbau, Schlupfwinkel, Beobachtungsversteck. Ab 8 Jahre. Von Louis Espinassous. 58 Seiten, mit vielen Abbildungen, 16,95 €

Kleine Baumhäuser und Hütten

… kinderleicht gebaut. Hier wird gezeigt, wie Baum- und Stelzenhäuser gebaut werden können. Mit Anleitungen für verschiedene Konstruktionen und Bildern von realisierten Beispielen. Von David Stiles. 96 Seiten, mit vielen farbigen Abbildungen, 16,95 €

Holzbacköfen im Garten

Detaillierte Bauanleitungen vom einfachen Lehmofen bis zum gemauerten Brotbackhäuschen. Mit vielen Erfahrungen und Ratschlägen sowie pfiffigen Tipps und Rezepten. Herausgegeben von Claudia Lorenz-Ladener. 138 Seiten, mit vielen Abbildungen, 17,95 €

Gestalten mit Stein im Garten

Pflastern von Wegen, Terrassen und Zufahrten, Anlegen von Treppen und das Errichten von Mauern und Hangbefestigungen, mit Hinweisen zur Materialwahl, zu Aufwand und Kosten, und mit Anregungen für eigenes Schaffen. Von Peter Himmelhuber. 126 Seiten, mit vielen farbigen Abbildungen, 16,95 €

Naturkeller

Grundlagen der Kühllagerung und Anleitungen für Planung und Bau naturgekühlter Lagerräume im Haus und Freiland. Von Claudia Lorenz-Ladener. 140 Seiten, mit vielen Abbildungen, 19,90 €

Gestalten mit Holz im Garten

Bodenbeläge, Holzdecks, Zäune, Rankgerüste, Lauben. Bauanleitungen und Gestaltungsideen für Nützliches und Dekoratives aus Schnittholz und aus grünem Holz. Von Heidi Howcroft. 136 Seiten, mit vielen Abbildungen, 18,95 €

Einfache Lauben und Hütten selbst gebaut

Einfache Paradiese zum Selbstbauen. Bauanleitungen für schnell zu errichtende Behausungen (Tipi, Baumhaus, Kuppelbau, Hogan etc.), sowie für schöne Lauben für den Garten oder die freie Natur. Von Claudia Lorenz-Ladener. 160 Seiten, mit vielen farbigen Abbildungen, 16,95 €

Kleine grüne Archen

Passivsolare Gewächshäuser als Alternative zum transparenten Standard-Gewächshaus. Das Buch zeigt, wie Solargewächshäuser freistehend, angelehnt oder teilweise in der Erde versenkt auch selbst gebaut werden können. Von Claudia Lorenz-Ladener. 128 Seiten, mit vielen farbigen Abbildungen, 22,90 €

Mit Weiden bauen

Anleitungen für Zäune, Laubengänge, Wigwams, Sitzplätze und grüne Kuppeln. Arbeiten mit lebendem Material, aus dem sich viele schöne, nützliche Dinge herstellen lassen.
Von Jon Warnes. 60 Seiten, mit vielen farbigen Abbildungen, 16,95 €

Färben mit Pflanzen

Färbepflanzen - Rezepte - Anwendung. Aufbereitung und Anwendung heimischer Färbepflanzen zum Färben von Wolle und Stoffen werden in zahlreichen Rezepten detailliert beschrieben.
Von Dorit Berger. 96 Seiten, mit vielen farbigen Abbildungen, 16,95 €

Bauen mit Frischholz

Vom Spalier bis zur Laube – frisches grünes Holz ist ein ausgezeichnetes Material, um daraus nützliche Gartenobjekte herzustellen. Mit Schritt-für-Schritt-Anleitungen für Pflanzbehälter, Spaliere, Bänke, Lauben usw. Von Alan und Gill Bridgewater. 80 Seiten, mit vielen Abbildungen, 16,95 €

Essbare Wildpflanzen aus dem Hausgarten

150 Arten: Obst, Kräuter, Gemüse. Wie eine dauerhafte Pflanzenlandschaft aus fruchttragenden Bäumen und Sträuchern, wilden Stauden sowie Kräutern und essbaren Bodendeckern geschaffen werden kann. Mit mehr als 70 Pflanzenporträts essbarer Wildfrüchte, Wildkräuter und Wildgemüse und Tipps zu deren Verwertung. Von Marlies Ortner. 126 Seiten, mit vielen Abbildungen, 16,95 €